DuMont Schnellkurs

WETTER UND KLIMA

Peter Göbel, geboren 1944 in Hauneck (Hessen), studierte Geowissenschaften an der Johann-Wolfgang-Goethe-Universität in Frankfurt am Main. Von 1974 bis 1980 war er Hochschulassistent am Lehrstuhl für Physische Geographie und Landschaftsökologie der Technischen Universität Braunschweig. Seither ist er als freier Autor, Übersetzer und Redakteur tätig.

DuMont Schnellkurs

WETTER UND KLIMA

Peter Göbel

DUMONT

Impressum

Umschlagvorderseite von links nach rechts und von oben nach unten:
Wolkenspirale und Auge eines tropischen Wirbelsturms, Regentropfen auf Gräsern, Stratocumulus über dem Strand von Fuerteventura, Waldbrand (Kronenfeuer), Heißluftballon-Fahrt und Wolken-Erde-Blitz

Umschlagrückseite:
Wetterfreuden: ein Sonnenbad, Wetterkatastrophe: Hochwasser

Frontispiz:
Gewitter- und Schauerwolke über dem Indischen Ozean

Für meine große Schwester, die an einem heißen Julisonntag 2003 gestorben ist.
In ihrem Leben hat sie nie zwischen „gutem" und „schlechtem" Wetter unterschieden
und die Sonne im Süden ebenso genossen wie den Sturm im Norden.
P. G.

Bibliographische Information der Deutschen Bibliothek:
Die Deutsche Bibliothek verzeichnet diese Publikation in der Deutschen Nationalbibliographie; detaillierte bibliographische Angaben sind im Internet über http://dnb.ddb.de abrufbar.

Originalausgabe

Satz und Layout: Birgit Beyer, Köln
Redaktion: Ralph Henry Fischer, Köln
Druck: Rasch, Bramsche
Buchbinderische Verarbeitung: Bramscher Buchbinder Betriebe, Bramsche

Printed in Germany ISBN 3-8321-7614-4

Inhalt

Inhalt

Bioklima

Haus und Garten

Unterwegs

Unwetter

Klima im Wandel

„Welcher Schriftsteller möchte nicht ein Buch vom Wetter schreiben?" – der Autor Jochen Klepper (1903–1942) konnte sich seinen bescheidenen Wunsch nicht mehr erfüllen. Ich aber durfte ein Wetterbuch verfassen, und das im Sommer 2003, dem heißesten seit mindestens 100 Jahren. Auf solch „schöne" Sommer sind Mensch und Natur in unseren Breiten nicht eingerichtet, ebenso wenig die moderne Technik: Mein hitzegeplagter Computer erlebte zahllose Abstürze, dann legte ein Blitzschlag in Nachbars Garten für Tage die gesamte Elektronik lahm. Inzwischen sind diese Schäden längst behoben. Für viele tausend Menschen in Europa war die extreme Hitze jedoch tödlich.

„Es gibt auf der Welt nur sieben oder acht Phänomene, über die es sich zu reden lohnt. Und eins davon ist das Wetter." Dies behauptete jedenfalls die amerikanische Schriftstellerin und Naturmystikerin Annie Dillard. Zweifellos ist das Wetter überall auf der Welt ein beliebter und dazu unverfänglicher Gesprächsstoff – aus guten Gründen: Die unteren Schichten der Atmosphäre, in denen sich die meisten Wettervorgänge abspielen, sind der eigentliche Lebensraum des Menschen; von allen Naturphänomenen spürt er das Wetter buchstäblich am hautnächsten, und es gibt kaum einen Bereich unserer Existenz, der nicht vom Wetter beeinflusst wird. *Welche* Einflüsse hier wirksam werden, davon ist neben anderem in diesem Buch die Rede, allerdings ohne Anspruch auf auch nur annähernde Vollständigkeit. Weitere Schwerpunkte sind die Wetterbeobachtung und die Wettervorhersage, und zwar nicht nur in den betreffenden Kapiteln, sondern über das gesamte Buch verteilt.

„Jeder redet über das Wetter, aber keiner ändert was dran!" – hier irrte Mark Twain. Seitdem es Menschen auf der Erde gibt, haben sie versucht, das Wetter zu ihren Gunsten zu verändern, anfangs durch Gebete und Opfergaben an die Wettergötter, später auch mit technischen Mitteln. Und wie wir heute erleben, können menschliche Aktivitäten das Wetter oder dessen langfristige Ausformung, das Klima, durchaus dramatisch beeinflussen, freilich in einer Richtung, aus der kaum Gutes zu erwarten ist. Mit diesem Problem wird sich die Menschheit vermutlich noch lange Zeit beschäftigen müssen.

Peter Göbel, Atzenhain, Dezember 2003

Dynamische Atmosphäre
Die Meteorologie, ein Zweig der Geophysik, ist die Lehre von den physikalischen und chemischen Vorgängen in der Erdatmosphäre, hauptsächlich in der unteren Atmosphäre bis in ungefähr 50 km Höhe. In diesem Stockwerk spielen sich fast alle Prozesse ab, die unser Wetter und Klima bestimmen – wie hier die Entwicklung einer kilometerhohen Gewitter- und Schauerwolke, aus der wohl bald Blitze zur Erde und hinüber zu anderen Wolken zucken werden.

Wetter und Witterung

Alle Naturwissenschaften beschäftigen sich mit Vorgängen in der Natur, aber in keinem Wissenschaftszweig stehen die Prozesse so sehr im Mittelpunkt wie in der Meteorologie oder Wetterkunde. Das hat vor allem damit zu tun, dass ihre Forschungsgegenstände meist keine natürlichen Objekte wie Gesteine oder Minerale, sondern lediglich abstrakte Abbilder von in der Atmosphäre ablaufenden Vorgängen sind. Einen Regenbogen meint man mit Händen greifen zu können, doch er ist nur ein optisches Phänomen, das rasch spurlos verschwindet. Man findet ihn deshalb in keinem Museum – sowenig wie weit komplexere meteorologische Erscheinungen wie den Tornado oder El Niño.

Um die vielfach nur bruchstückhaft bekannten Vorgänge zu erklären, geht die Meteorologie nach einer bewährten Arbeitsweise vor: Sie analysiert die Atmosphäre aus allen möglichen Blickwinkeln, zerlegt sie dann gedanklich in die einzelnen meteorologischen Elemente und fügt diese anschließend mit Daten und Fakten untermauert zusammen, sodass ein Abbild des Gesamtzustands der unteren Lufthülle entsteht. Je nachdem, wie lange dieser Zustand andauert, spricht man von Wetter, Witterung oder Klima.

Das **Wetter** ist dabei der physikalische Zustand der Atmosphäre zu einem bestimmten Zeitpunkt an einem bestimmten Ort. Er dauert meist nur wenige Stunden bis maximal einen Tag an. Die **Witterung** ist der durchschnittliche oder auch vorherrschende Wetterablauf innerhalb einiger Tage bis zu ganzen Jahreszeiten. Und als **Klima** bezeichnet man die Zusammenfassung der Wettererscheinungen, die den mittleren Zustand der Atmosphäre an einem bestimmten Ort der Erdoberfläche sowie den durchschnittlichen Ablauf der Witterungserscheinungen innerhalb eines Jahres charakterisieren. Dazu muss man freilich die meteorologischen Elemente über einen genügend langen Zeitraum (meist mehrere Jahrzehnte) beobachten.

Die Begriffe **Wetter** und **Witterung** sind mit den Wörtern „Wind" und „wehen" verwandt. In **Klima** blieb das griechische *klima* erhalten, das so viel wie „Neigung" bedeutet. Damit ist der Winkel gemeint, in dem die Sonnenstrahlen in den verschiedenen Zonen der Erde auf die Erdoberfläche treffen und der entscheidend für die Energiezufuhr ist. **Meteorologie** kommt vom griechischen *metéoros* („in der Luft schwebend").

Klima

Das **Klima** (Mehrzahl: Klimate) gilt vereinbarungsgemäß nur für einen bestimmten Ort, das **Mikroklima** sogar nur für einen winzigen Ausschnitt der Erdoberfläche, etwa für eine Waldlichtung. Trotzdem weisen die Klimate benachbarter Orte häufig gemeinsame Charaktermerkmale auf und können daher einem bestimmten **Klimatyp** zugeordnet werden, der unter Umständen in einem größeren Gebiet oder einer gürtelförmig um den Erdball verlaufenden **Klimazone** herrscht.

Die **Klimaklassifikation** und die Abgrenzung von Klimazonen gehören zu den wichtigsten und ältesten Aufgaben der Klimatologie. Beides hat große praktische Bedeutung (und das nicht nur für den Urlauber), darum haben sich mittlerweile gegenüber den so genannten **genetischen** Klassifikationen, die auf der Entstehung des jeweiligen Klimatyps beruhen, die **effektiven** Klassifikationen durchgesetzt. Sie teilen die Klimate nach deren Auswirkungen auf die Natur ein, wobei vielfach auch wirtschaftliche und gesundheitliche Effekte berücksichtigt werden.

Spuren des Menschen Klimabezeichnungen gehen häufig auf die Flora in einem bestimmten Gebiet zurück. Der Mensch hat aber vielerorts das natürliche Pflanzenkleid so zerstört, dass sich auch das Klima verändert. Die Insel Fuerteventura z.B. gleicht heute einer ausgedörrten Halbwüste, da jahrhundertelanger Raubbau von den früheren Wäldern kaum etwas übrig gelassen hat.

Frühe Hochkulturen

Vermutlich haben bereits die Jäger und Sammler der Altsteinzeit einen prüfenden Blick zum Himmel geworfen, wenn sie morgens ihre Behausungen verließen, und sicherlich machten sie sich auch Gedanken über die Ursachen spektakulärer Wetterphänomene, etwa von Gewittern oder Stürmen. Ihr Wissen vom Wetter wurde mündlich weitergegeben. In schriftlicher Form sind Wetterregeln erstmals auf den Tontafeln in den Bibliotheken der frühen Hochkulturen Mesopotamiens festgehalten, vor allem der Babylonier und Assyrer, für deren Landwirtschaften Hagelunwetter und Kältewellen, Dürreperioden und Überschwemmungen vom Ausmaß der biblischen Sintflut verheerende Folgen haben konnten. Sie führten die Wetterereignisse vor allem auf göttliche Kräfte zurück, verehrten zahlreiche Wettergötter, wie Adad oder Haddu, dessen Name nichts anderes als „Donner" bedeutet. Als natürliche Ursache kam für die frühen Völker in erster Linie der Einfluss der Gestirne auf das Wetter in Frage, eine Vorstellung, die sich über Jahrtausende hinweg bis heute hartnäckig gehalten hat.

Klimazeugen
Schon die Menschen der Steinzeit leisteten ihren Beitrag zur Klimaforschung, indem sie die Tierwelt in zahllosen Felsbildern festhielten. Die Bilder zeigen oft Arten, die heute in dem betreffenden Gebiet nicht mehr vorkommen, z.B. Flusspferde, Giraffen, Gazellen und andere Tiere. Aus diesen stummen Klimazeugen lässt sich der frühere Klimacharakter erschließen.

Legt man den Begriff „Wissenschaft" nicht allzu streng aus, dann gibt es die Wissenschaft vom Wetter und Klima seit mindestens 2500 Jahren, länger als die meisten anderen Naturwissenschaften. Pionierarbeit leistete hauptsächlich der Grieche **Aristoteles**, dessen Schrift *Meteorologica* für rund 2000 Jahre das Standardwerk der Meteorologie war.

Im „dunklen Zeitalter" der Meteorologie, das ungefähr vom Zusammenbruch des Römischen Reichs bis zum Ende des Mittelalters dauerte und keine nennenswerten neuen Erkenntnisse brachte, machten sich besonders arabisch-maurische Forscher wie der arabische

Geograph **Al Idrisi** (1100–1166) durch die Überlieferung der Lehren des Altertums verdient. Zur exakten Naturwissenschaft wurde die Wetter- und Klimakunde dann seit der Wende vom 15. zum 16. Jahrhundert mit der Erfindung der wichtigsten meteorologischen Messinstrumente, den Entdeckungsreisen, die den bis dahin auf die Alte Welt eingeengten Blick auf die gesamte Erde erweiterten, der Formulierung der grundlegenden Naturgesetze, mit systematischen Wetteraufzeichnungen und internationalem Datenaustausch.

Geradezu revolutionär verlief die Entwicklung der Meteorologie im 20. Jahrhundert: Seither kann das Wettergeschehen auf der Erde aus dem Weltraum beobachtet werden, während am Boden Geräte wie das Doppler-Radar z.B. den Blick in das turbulente Innenleben eines Tornados öffnen. Und für die Erstellung einer numerischen Wetterprognose, eine Arbeit, die früher über 60 000 mit Rechenmaschinen ausgerüstete Experten erfordert hätte, braucht ein moderner Wettercomputer heute nur ein paar Sekunden.

Antike

Parmenides von Elea (um 540–um 470), griechischer Philosoph, unterscheidet drei Klimazonen der damals bekannten Welt. **um 500 v. Chr.**

Hippokrates (um 460–375), griechischer Arzt, beschäftigt sich in seinem Werk *Über den Einfluss der Umwelt auf die Gesundheit* auch ausführlich mit meteorologischen Fragen. **um 400 v. Chr.**

Aristoteles (384–322), griechischer Philosoph, sammelt in seiner Schrift *Meteorologica* das Wissen des Altertums über das Wetter und prägt zugleich den Begriff „Meteorologie". Ungefähr zur gleichen Zeit werden in Indien bereits systematische Regenmessungen durchgeführt. **um 340 v. Chr.**

Theophrast (371–287), griechischer Philosoph, erläutert in seinem Text *Vom Winde* die Luftströmungen. **um 300 v. Chr.**

Claudius Ptolemäus (um 100–160), griechischer Naturforscher, gliedert die Erde nach der Tageslänge in sieben Klimazonen. **um 140**

Die Entwicklung zur Naturwissenschaft

1337–1344 **Älteste tagebuchartige Wetteraufzeichnungen** in England, in Deutschland ab 1635, von 1679 an in Kiel auch mit Messinstrumenten.

1592 **Galileo Galilei** (1564–1642), italienischer Mathematiker, entwickelt das Prinzip der Temperaturmessung.

1634 **Evangelista Torricelli** (1608–1647), italienischer Mathematiker, weist den Luftdruck mithilfe eines Quecksilberbarometers nach.

1657 **Ferdinand II.**, Großherzog von Toskana, gründet in Florenz die „Akademie der Experimente", die im Bereich der Meteorologie Pionierarbeit leistet.

1714 **Daniel Gabriel Fahrenheit** (1686–1736), deutscher Physiker und Instrumentenbauer, führt die nach ihm benannte Temperaturskala ein.

1735 **George Hadley** (1685–1768), englischer Physiker, erläutert die Ursachen der Passat-Winde.

um 1740 **Die ältesten brauchbaren Anemometer** (Windmesser) werden entwickelt.

1742 **Anders Celsius** (1701–1744), schwedischer Astronom, definiert die bis heute am meisten verwendete Temperaturskala.

1780 **Gründung der „Societas Meteorologica Palatina"** (Pfälzische Meteorologische Gesellschaft), die bis zum Ende des 18. Jh. erstmals ein weltweites Wetterbeobachtungsnetz aufbaut.

1780 **Gründung der Wetterwarte** auf dem Hohenpeißenberg im Alpenvorland; die älteste Bergwetterstation der Erde besitzt seit 1780 die längste ununterbrochene Messreihe.

1781 **Horace Bénédict de Saussure** (1740–1799), schweizerischer Naturforscher, erfindet das Haarhygrometer.

ab 1783 Auf den ersten bemannten **Heißluftballonfahrten** werden meteorologische Messungen durchgeführt.

um 1800 **Sir Friedrich Wilhelm (William) Herschel** (1738–1822), britischer Astronom deutscher Herkunft, entdeckt die unsichtbare infrarote Strahlung, einen wichtigen Faktor des Wetters und Klimas

1802 **Luke Howard** (1772–1864), britischer Fabrikant, stellt die erste wissenschaftliche Wolkenklassifikation vor.

Heinrich Wilhelm Brandes (1777–1834), deutscher Physiker, entwirft die ersten synoptischen Wetterkarten, die auf großräumiger Beobachtung beruhen. **1816**

Alexander von Humboldt (1769–1859), deutscher Naturforscher, Universalgelehrter und Geograph, fertigt die erste Weltkarte der mittleren Jahrestemperaturen an. **1817**

Louis Agassiz (1807–1873), US-amerikanischer Naturforscher schweizerischer Herkunft, formuliert seine Theorie von den quartären Eiszeiten. **1837**

James Pollard Espy (1785–1860), US-amerikanischer Meteorologe, stellt seine Theorie zur Entstehung der Wolken und der Tornados vor. **1841**

Gaspard Gustave de Coriolis (1792–1843), französischer Physiker, erklärt die ablenkende Kraft der Erdrotation auf die Luftströmungen. **1844**

William Ferrel (1817–1891), US-amerikanischer Meteorologe, entwickelt die Theorie der atmosphärischen Zirkulation in den mittleren Breiten der Erde. **1859**

Gründung der IMO (Internationale Meteorologische Organisation) als Vorläuferin der 1947 eingerichteten Weltorganisation für Meteorologie (**WMO**). **1873**

Wettergottheiten und -heilige

Wetter und Religion sind in vielen alten Mythen und Kulturen aufs Engste miteinander verbunden. Unüberschaubar ist die meteorologische Götterwelt, zu der der Sonnengott Ra der alten Ägypter, der „blitzeschleuderne Zeus“ der Griechen, Marduk, der babylonische Gott des Sturms, Donar („Donner“), der Gewittergott der Germanen, oder Chac, der Regengott der Mayas, gehörten – das unten abgebildete altamerikanische Relief stellt den fortwährenden Kampf zwischen Regen und Dürre dar.

Auch die christliche Überlieferung berichtet von legendären Beispielen der Wetterbeeinflussung und -vorhersage. So gelang es der heiligen Genoveva, einen Wolkenbruch von einem erntereifen Getreidefeld fernzuhalten, während die heilige Radegund die Fähigkeit besaß, verheerende Stürme zu bändigen. Aus der Liste der berühmten Wetterpropheten ist auch Noah zu erwähnen, der mit göttlicher Hilfe die Sintflut voraussah, und Joseph, Jakobs Sohn: Er prophezeite dem Pharao nach einem Traum, dass auf sieben fette Jahre mit reichlich Regen und guten Ernten sieben magere Jahre mit Dürre und Missernten folgen würden – und behielt Recht. Sollte er bereits das El-Niño-Phänomen durchschaut haben?

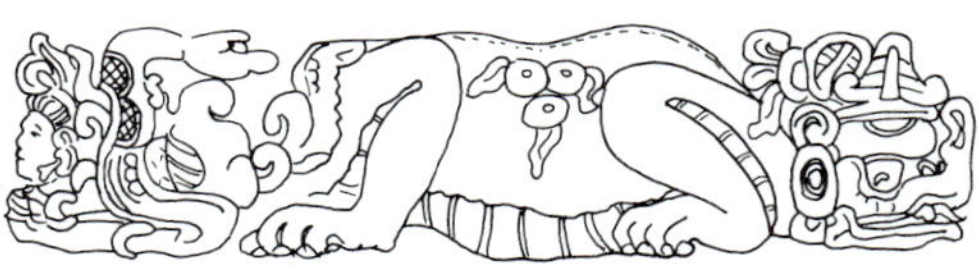

20. Jahrhundert

1904 **Vilhelm Bjerknes** (1862–1951), norwegischer Geophysiker, legt das Fundament der mathematischen Wettervorhersage.

1913 Die **Ozonschicht** wird entdeckt.

ab 1917 Die **Norwegische Schule** in Bergen erarbeitet grundlegende Erkenntnisse über Luftmassen, Wetterfronten und die Entwicklung der Tiefdruckgebiete.

1918 **Wladimir Köppen** (1846–1940), deutscher Klimatologe russischer Herkunft, veröffentlicht die Endfassung seiner bis heute gebräuchlichen Klimaklassifikation.

1922 **Lewis Fry Richardson** (1881–1953), britischer Mathematiker, veröffentlicht das Buch *Wetterprognose auf numerischer Grundlage*.

1925 Beginn der systematischen Sammlung meteorologischer Daten mit Flugzeugen.

1928 Erstmals werden **Radiosonden** zur Erkundung der höheren Atmosphäre eingesetzt, gegen Ende der 1930er-Jahre beginnt auch das Zeitalter der **Radarmeteorologie**.

1940 Im Zweiten Weltkrieg entdecken Bomberpiloten das Phänomen der **Strahlströme** (Jet-Streams).

1950 Mit **ENIAC** (Electronic Numerical Integrator and Computer), dem Urahn aller Wettercomputer, werden die ersten brauchbaren numerischen Prognosen erstellt.

1951 Die **Weltorganisation für Meteorologie** (WMO) wird als Spezialorgan der Vereinten Nationen tätig.

1960 **TIROS I**, der erste Wettersatellit, erreicht am 1. April seine Umlaufbahn.

1967 **WWW**, die Weltwetterwacht, nimmt ihre Arbeit auf.

1977 Start des ersten europäischen Wettersatelliten der Reihe **METEOSAT**.

Alte und neue Ziele

Eines der traditionellen Hauptziele der Meteorologie ist die Erstellung zuverlässiger Wettervorhersagen, die jedem nutzen, vom Autofahrer über den Landwirt bis zum Flugzeugpiloten. Durch diesen praktischen Nutzen ist die Verlockung, sich in den „Elfenbeinturm“

der (unentbehrlichen) Grundlagenforschung zurückzuziehen, wesentlich geringer als in anderen Wissenschaften. Die Optimierung der Prognosen für sehr kurze, aber auch längere Zeiträume steht deshalb gegenwärtig im Mittelpunkt der Wetterforschung.

Zuverlässige Aussagen erwartet die Öffentlichkeit auch über den Klimawandel, der sich seit einigen Jahrzehnten abzeichnet, über dessen Ursachen und Folgen sowie mögliche Gegenmaßnahmen. Dass Wetter, Witterung und Klima katastrophale Folgen haben können, steht außer Frage, spätestens seit dem Sommer 2003, als allein in Frankreich im extrem heißen August über 11 000 Menschen Opfer der Hitze wurden. Internationale Klimakonferenzen, Protokolle und Konventionen, bei deren Formulierung der Rat der Meteorologen gefragt war, haben bisher nur Teilerfolge erzielt.

Die Erde aus dem All
Ungezählte Daten von Bodenstationen müssten gesammelt und ausgewertet werden, um ein vergleichbares Bild des Wettergeschehens zu zeichnen, wie es uns geostationäre Satelliten automatisch und in kürzester Zeit aus dem Weltraum übermitteln können.

Die Atmosphären der Außerirdischen
Die Gashüllen der Planeten des Sonnensystems unterscheiden sich vollkommen von der Erdatmosphäre. Venus und Mars besitzen Atmosphären, die sich fast ausschließlich aus Kohlendioxid, ein wenig Stickstoff und nur Spuren von Sauerstoff zusammensetzen. Der hohe Anteil des Treibhausgases CO_2 (um 95 %) führt dazu, dass sich ihre Oberflächen extrem aufheizen. Bei Jupiter und Saturn besteht die Gashülle dagegen hauptsächlich aus Wasserstoff und Helium, ähnlich wie die Sonnenatmosphäre.

Lufthülle

Wie alle Planeten unseres Sonnensystems wird die Erde von einer Atmosphäre (griech. *atmós* = Dunst und *sphaira* = Kugel) als äußerster Schicht umschlossen. Die Erdatmosphäre besteht aus Luft, einem Gasgemisch, das sich hauptsächlich aus vier Komponenten zusammensetzt (Angaben in Volumenprozent): 78,1 % Stickstoff (N_2), 20,9 % Sauerstoff (O_2), 0,9 % Argon (Ar) und 0,037 % Kohlendioxid (CO_2), dessen Anteil im Unterschied zu dem der anderen Hauptbestandteile von Ort zu Ort sowie mit den Tages- und Jahreszeiten schwankt und derzeit deutlich zunimmt. Der winzige Rest von rund 0,06 % verteilt sich auf die verschiedensten Gase wie Neon, Helium, Methan, Ozon, Wasserstoff oder Schwefeldioxid.

Die Angaben beziehen sich auf die „trockene“, wasserdampffreie Atmosphäre. Wasserdampf, der gasförmige Zustand des Wassers, ist mit bis maximal 4 % an der Zusammensetzung der Erdatmosphäre beteiligt. Das unsichtbare Gas, das gar nicht wie „Dampf“ aussieht, kommt fast ausschließlich in der unteren Atmosphäre vor, in 20–30 km Höhe beträgt der Wasserdampfgehalt nur noch wenige Teile pro Million der Gesamtgasmenge. Von sämtlichen Wasservorräten der Erde besitzt die Lufthülle lediglich einen sehr geringen Anteil gasförmigen, flüssigen und gefrorenen Wassers: 0,001 % – allein der tiefste See der Erde, der Baikalsee,

Eine warme Decke
Das Gasgemisch der Atmosphäre hat eine recht geringe Wärmeleitfähigkeit. Unbewegtes Wasser z.B. leitet die Wärme mindestens 24-mal besser als unbewegte Luft. Stoffe, die sehr viele mit Luft gefüllte Hohlräume besitzen, bilden daher hervorragende Wärmedämmschichten. Über einer nur wenige Zentimeter dicken Schneedecke kann die Lufttemperatur nachts unter -10 °C fallen, während der darunter liegende Erdboden häufig noch nicht gefroren ist.

enthält mehr Wasser als die gesamte Atmosphäre. Doch erst diese winzige Portion macht die Erde zu einem belebten Planeten, denn ohne sie gäbe es z.B. keine Wolken und keinen Regen, und das Wetter auf der Erde wäre so eintönig wie das auf dem Mond.

Stumme Zeugen
Neben Fossilien liefern vor allem Gesteine Hinweise auf das Klima vergangener Erdzeitalter, insbesondere auch auf die frühere Zusammensetzung der Atmosphäre. Rostrot gefärbte Sedimentgesteine z.B., wie dieser Sandstein, verdanken ihre Farbe sauerstoffhaltigen Eisenmineralen und bezeugen damit die Existenz von atmosphärischem Sauerstoff (und zugleich von Organismen, die ihn durch Photosynthese herstellten).

Unreine Atmosphäre

Aber die Existenz von Wasserdampf genügt noch nicht, um Regenwolken entstehen zu lassen. Damit sich das Gas in flüssiges Wasser und Eis verwandeln kann, müssen Partikel in der Atmosphäre vorhanden sein, die die Feuchtigkeit anziehen und an denen sich der Wasserdampf niederschlagen kann. Von diesen Partikeln, die streng genommen Verschmutzungen der reinen Atmosphäre darstellen und aus den verschiedensten Quellen stammen, gibt es in der unteren Lufthülle zahlreiche: Staubteilchen, Salzpartikel, vulkanische Aschen und vor allem Substanzen, die aus Verbrennungsprodukten entstehen. Hinzu kommen Bakterien, Pilze, Blütenstaub und zahlreiche andere organische Teilchen. Wie beim Wasserdampf nimmt ihre Anzahl zur Höhe hin rasch ab.

Evolution der Atmosphäre

Der gegenwärtig zu beobachtende Anstieg des Kohlendioxid- und Methangehalts (S. 178) zeigt, dass die Zusammensetzung der Erdatmosphäre nicht auf ewige Zeiten festgeschrieben ist. Die Anteile der atmosphärischen Gase haben sich vielmehr im Lauf der Erdgeschichte erheblich verändert, und die Entwicklung der Atmosphäre war offenbar eng mit der biologischen und geologischen Evolution verknüpft. So enthielt die Lufthülle bis vor etwa 2,5 Milliarden Jahren durch zahlreiche Vulkanausbrüche wahrscheinlich sehr viel mehr Kohlendioxid als heute, und wegen der Rolle dieses Gases beim Treibhauseffekt herrschten an der Erdoberfläche weit höhere Temperaturen. Jedenfalls fehlen bis zu diesem Zeitpunkt Spuren ausgedehnter Vereisungen. Vor 2 Milliarden Jahren lässt sich dann der Beginn einer raschen Zunahme des Sauerstoffgehalts beobachten – das lebenswichtige Gas wird überwiegend von Organismen durch Photosynthese produziert. Bis dahin gab es auf der Erde, die wegen der noch fehlenden Ozonschicht (S. 176) der gefährlichen ultravioletten Strahlung ausgesetzt war, kaum Leben. Jetzt explodierten jedoch geradezu neue Lebensformen, und der Sauerstoffgehalt vervielfachte sich rasch.

Die vertikale Gliederung der Erdatmosphäre

Die Lufthülle der Erde gliedert sich in mehrere Sphären (Kugelschalen). Eine grobe Einteilung folgt der chemischen Zusammensetzung der Gashülle: Die trockene, wasserdampffreie Luft innerhalb der **Homosphäre** (bis in Höhen um 120 km) ist recht einheitlich zusammengesetzt; darüber, in der **Heterosphäre**, entmischen sich die Gase nach ihrem Atomgewicht.

Eine andere Gliederung fußt auf den neutralen bzw. elektrisch geladenen Gasteilchen: Innerhalb der **Neutrosphäre** (bis in etwa 80 km Höhe) besteht die Atmosphäre vorwiegend aus neutralen Gasteilchen, während in der **Ionosphäre** die Teilchen, vorwiegend unter dem Einfluss der Ultraviolett- und Röntgenstrahlung der Sonne, in Ionen und freie Elektronen zerfallen.

Die gebräuchlichste vertikale Gliederung der Erdatmosphäre geht vor allem von den Temperaturen aus, die in den verschiedenen Stockwerken herrschen. Sie unterscheidet vier **Sphären**, die durch **Pausen** (dünnere Grenzschichten) voneinander getrennt sind:

- Die **Troposphäre**, das unterste Atmosphärenstockwerk, reicht über den Polargebieten bis in rund 8 km Höhe, über der tropischen Zone bis in 18 oder 20 km. Die Lufttemperaturen sinken hier generell mit zunehmender Höhe. An der **Tropopause**, die die Troposphäre nach oben begrenzt, werden Temperaturen von weit unter -45 °C gemessen.
- In der **Stratosphäre**, die in rund 50 km Höhe endet, bleibt die Temperatur zunächst unverändert, steigt dann aber ab etwa 20 km Höhe kräftig an und pendelt sich an der **Stratopause** bei 0 °C ein. Ursache der Erwärmung ist das vor allem in der **Ozonosphäre** (in 20–50 km Höhe) angereicherte Ozon (S. 176).
- Oberhalb der Stratopause folgt bis in 80–85 km Höhe die **Mesosphäre**. In ihr nimmt die Temperatur wieder bis auf etwa -90 °C an der Obergrenze ab.
- Die **Thermosphäre** umfasst das Stockwerk zwischen 80–85 km und 500–1000 km Höhe. Hier steigt die Temperatur bis auf rund 1000 °C an der Obergrenze, der **Thermopause**, an. Die Thermosphäre überlappt

Das Ende der Welt
Die Untergrenze der Atmosphäre ist beinahe messerscharf gezogen, doch zum Weltraum hin geht die Lufthülle innerhalb der **Exosphäre** in Höhen zwischen 500–1000 km gleitend in die interplanetare Materie über. Noch zur irdischen Welt gehört das Erdmagnetfeld mit der **Magnetosphäre**. Ihre äußere Grenzfläche, die **Magnetopause**, legt sich in etwa 60 000 km Entfernung um die Sonnenseite der Erde, während sie an der sonnenabgewandten Seite zu einem rund 6 Millionen km langen Schweif auseinandergezogen ist.

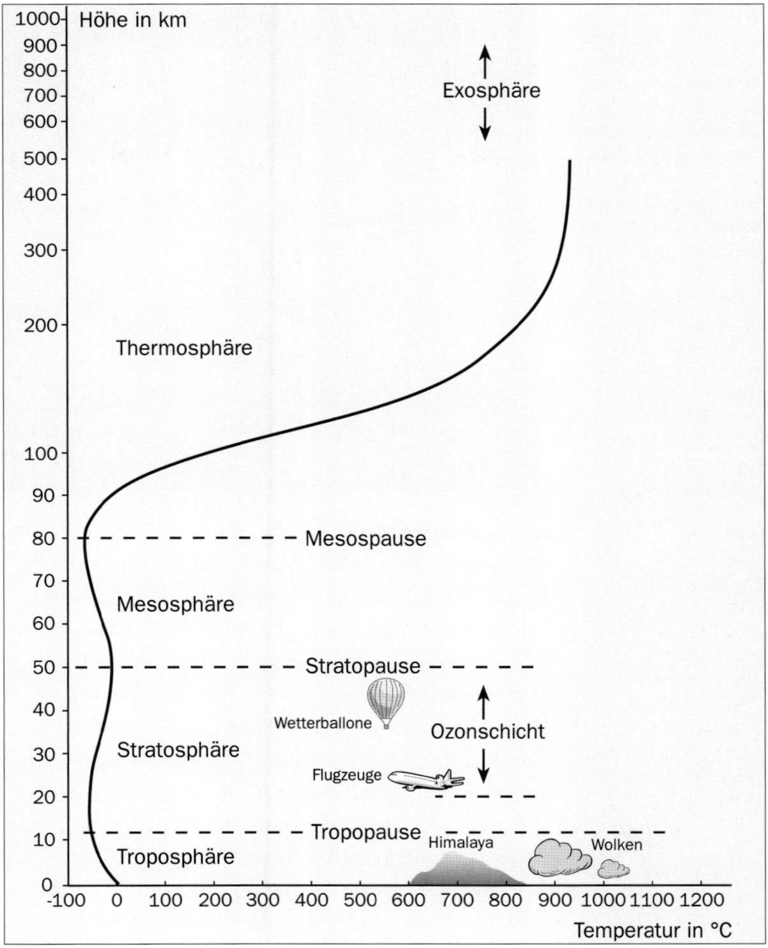

sich mit der **Exosphäre**, der obersten Schicht der Erdatmosphäre. In ihr sind einerseits die Eigenbewegungen der Atome und Moleküle bei den hohen Temperaturen sehr stark, andererseits die Abstände zwischen den Teilchen wegen der geringen Dichte der Luft sehr groß. Gasteilchen prallen deshalb nur selten auf andere und werden dadurch abgebremst. Ungeladene Teilchen können so mit hoher Geschwindigkeit aus dem Schwerefeld in den Weltraum entweichen, während das Magnetfeld der Erde die geladenen zurückhält.

Die dünne Lufthaut
Das Wetter spielt sich in den beiden untersten Stockwerken der Atmosphäre ab. Sie sind zusammen nicht einmal so dick wie die Lithosphäre, die feste Erdrinde.

Wie lange noch?
Die Vorräte an Erdöl, Erdgas und anderen fossilen Brennstoffen gehen zur Neige, über die Versorgung mit Sonnenenergie brauchen sich die Bewohner der Erde jedoch keine Gedanken zu machen. Obwohl die Sonne die Himmelskörper in ihrem Umkreis seit ihrer Entstehung vor fast 5 Milliarden Jahren mit Energie versorgt, reicht ihr riesiger Wasserstoffvorrat selbst nach vorsichtigen Schätzungen noch für mindestens weitere 5 Milliarden Jahre.

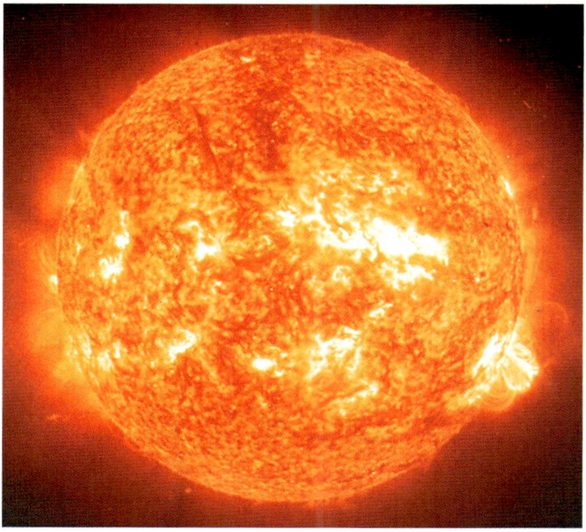

Sonnenenergie
Die Sonne beherrscht wie andere Sterne meisterhaft ein hocheffizientes Verfahren der Energiegewinnung: die Kernverschmelzung oder Kernfusion. Dabei verschmelzen in ihrem Zentrum bei sehr hohen Temperaturen und unter enormem Druck leichte Wasserstoffkerne zu einem schwereren Kern, in diesem Fall Helium. Die Umwandlung von einem einzigen Gramm Wasserstoff liefert eine Energiemenge, mit der man den jährlichen Strombedarf von 40–50 Privathaushalten decken könnte – im Innern der Sonne werden aber in jeder Sekunde annähernd 5 Millionen Tonnen Wasserstoff umgewandelt. Die im Zentrum gewonnene Kernenergie wird durch Strahlung oder Strömungen nach außen transportiert und von der durchschnittlich etwa 6000 °C heißen Sonnenoberfläche gleichmäßig in alle Richtungen des Weltraums ausgestrahlt.

Lediglich ein winziger Bruchteil der gesamten Energiemenge, 2 Milliardstel, erreicht die äußersten Schichten der rund 150 Millionen km von der Sonne entfernten Erde. Trotzdem ist die Energiezufuhr aus dieser Quelle unvorstellbar groß: Die an einem einzigen Tag von der Sonne einstrahlende Energie würde ausreichen, um den gesamten technischen Energieverbrauch der Menschheit fast 100 Jahre lang zu decken. Andere außerirdische und irdische Energiequellen, wie die geothermische Energie oder die Kräfte, die die Gezeiten hervorrufen, fallen demgegenüber nicht ins Gewicht.

Kreisläufe

Die Zufuhr von Sonnenenergie erfolgt äußerst zuverlässig. Sie schwankt im Lauf der Zeit kaum um den Mittelwert von 1368 Watt pro Quadratmeter, der (weil er praktisch konstant ist) als **Solarkonstante** bezeichnet wird. Sie gilt für den äußeren Rand der Erdatmosphäre und für eine Fläche, die senkrecht zur einfallenden Sonnenstrahlung steht. Die Strahlung muss allerdings noch einen weiten, verlustreichen Weg durch die Lufthülle zurücklegen, außerdem treffen die Strahlen nicht überall senkrecht auf die Erde. Bei flachem Einfallen ist der Strahlungsgewinn aber wesentlich geringer, weil zum einen der Weg durch die Atmosphäre länger ist und sich zum andern die einfallende Strahlung über eine größere Fläche verteilt.

Kreislauf auf Hochtouren

Die Sonnenenergie ist der Treibstoff der Wettermaschine. Sie treibt die Luftströmungen an, bewirkt die atmosphärische Zirkulation, steckt aber auch hinter vielen anderen Kreisläufen in der Natur, wie dem Kreislauf des Wassers. Wind- und Wasserkraft, mittlerweile in manchen Ländern wichtige erneuerbare Energiequellen, sind also andere Formen der Sonnenenergie. Der Wasserkreislauf bewirkt gleichzeitig das Recycling eines kostbaren, auf der Erde raren Rohstoffs: des Süßwassers. Dazu muss aber dieser Kreislauf ständig auf Hochtouren laufen.

Würde sämtliches in der Atmosphäre enthaltene Wasser als Regen auf die Erde niedergehen, dann fielen auf jeden Quadratmeter Boden etwa 25 Liter – und der Wasservorrat wäre damit aufgebraucht.

In Wirklichkeit fallen jedoch im Jahresdurchschnitt und gleichmäßig über die Erde verteilt mehr als 1100 Liter Niederschlag auf jeden Quadratmeter, also 44-mal mehr. Im Zug des Wasserkreislaufs wird also das Wasser innerhalb der Atmosphäre im Durchschnitt 44-mal pro Jahr vollständig ausgetauscht, das heißt alle 8–9 Tage.

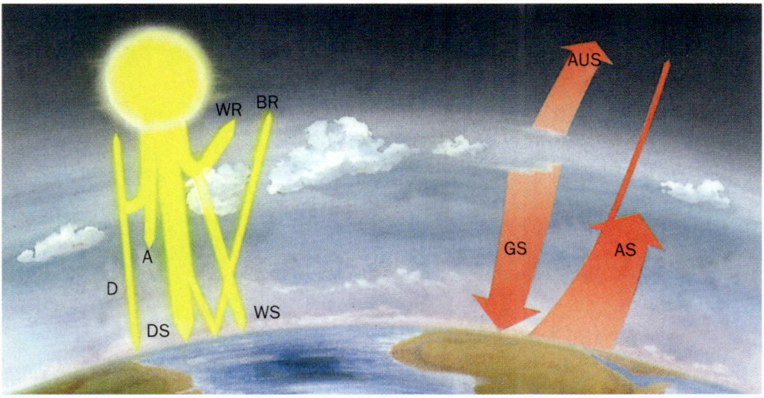

Sonne und Erde
Die kurzwellige Strahlung der Sonne (gelbe Pfeile) gelangt als direkte Strahlung **(DS)** sowie als gestreutes Sonnenlicht **(D)** und als durch die Wolken dringende Sonnenstrahlung **(WS)** bis zur Erdoberfläche. Von dort wird sie mehr oder weniger stark durch die Bodenreflexion **(BR)** zurückgeworfen. Einen Teil der Sonnenenergie absorbiert die Atmosphäre **(A)**, einen weiteren reflektieren die Wolken bereits in der Höhe **(WR)**. Die von der Erde ausgehenden langwelligen Wärmeströme (rote Pfeile) gliedern sich in die Ausstrahlung der Erdoberfläche **(AS)** sowie die Ausstrahlung **(AUS)** und die Gegenstrahlung **(GS)** der Erdatmosphäre.

Energieströme

Der Energiefluss von der Sonne ist an der oberen Grenze der Erdatmosphäre zwar erstaunlich konstant, je nach Tageslänge (Dauer der Einstrahlung) und geographischer Breite (die den Winkel bestimmt, in dem die Sonnenstrahlen auf die Erde treffen) schwankt die zugeführte Energiemenge aber in einer weiten Spanne zwischen 0 und etwa 13 kWh/m^2d (Kilowattstunden pro Quadratmeter und Tag). Das Mittel für die gesamte Erde beträgt 8,4 kWh/m^2d, was ungefähr dem Energiegehalt von 1 Kilogramm Steinkohle entspricht. Unseren Breiten stellt die Sonne im Jahresdurchschnitt etwa 6–7 kWh/m^2d zur Verfügung. In Steinkohle umgerechnet, bedeutet dies, dass allein einem Land von der Fläche Deutschlands täglich eine Energiemenge zugeführt wird, die der von rund 275 Millionen Tonnen Steinkohle entspricht!

Von dieser gewaltigen Energiemenge erreicht im weltweiten Jahresdurchschnitt allerdings nur knapp die Hälfte die Erdoberfläche. Ungefähr ein Sechstel „schluckt" die Atmosphäre, die sich dadurch erwärmt, ein gutes Drittel wird durch die Luftpartikel weit gestreut und von den Wolken und der Erdoberfläche in den Weltraum zurückgeworfen. Über die gesamte Erde und alle Tage des Jahres verteilt, rechnet man an der Erdoberfläche mit einer Zufuhr von 3,95 kWh/m^2d. Sie setzt sich zusammen aus einem mehr oder weniger großen Anteil, der durch die direkte Sonnenstrahlung zur Erdoberfläche gelangt, sowie der Energiezufuhr durch das gestreute, diffuse Sonnenlicht. Beide Energieströme bilden gemeinsam die so genannte **Globalstrahlung**. Sie pendelt in Mitteleuropa je nach Region im Jahresdurchschnitt um 3 kWh/m²d.

Treibhauseffekt

Dem Energiegewinn stehen Verluste durch die Wärmeausstrahlung der Erde gegenüber. Wie jeder andere Himmelskörper strahlt die Erde selbst laufend Energie ab, sonst würde sich ihre Oberfläche in kurzer Zeit auf Gluttemperaturen erhitzen. Dieser Energieverlust ist mit 8,2 kWh/m²d (wiederum im Mittel für die gesamte Erde und alle Tage des Jahres) sogar mehr als doppelt so groß wie der Gewinn. Eigentlich müsste die Erdoberfläche also immer kälter werden.

Dass dies nicht so ist, verdanken die Erdbewohner dem so genannten **Treibhauseffekt** der Atmosphäre. Die Lufthülle lässt nur einen sehr geringen Anteil der Ausstrahlung direkt in den Weltraum entweichen, der größte Teil wird von der Atmosphäre absorbiert, die sich durch die Energiezufuhr erwärmt und ihrerseits Wärme nach oben (in den Weltraum) und nach unten (zur Erdoberfläche hin) ausstrahlt. Eine entscheidende Rolle spielen dabei Wasserdampf, Kohlendioxid, Methan und andere in der Atmosphäre enthaltene Spuren- oder Treibhausgase (S. 178).

Die Erdoberfläche wird demnach aus zwei Quellen mit Energie versorgt: zum einen von der Sonne, zum anderen aus der Erdatmosphäre. So bleiben für die Energiebilanz noch runde 2,3 kWh/m²d übrig – ein stattlicher Gewinn, der auf der Erde von Ort zu Ort und von Tag zu Tag stark schwankt, aber fast ausschließlich von den Wettervorgängen der Verdunstung, des Lufttransports und der Niederschlagsbildung aufgezehrt wird.

Wer im Glashaus sitzt...
... muss nicht frieren. Die Erdatmosphäre gleicht den Scheiben eines Gewächshauses oder Wintergartens: Sie lässt den Anteil der kurzwelligen Sonnenstrahlung, der nicht reflektiert wird, nahezu unbeeinflusst passieren, nimmt jedoch die langwellige Ausstrahlung der Erde überwiegend auf, erwärmt sich dadurch und sendet einen Teil der ausgestrahlten Energie quasi postwendend zur Erdoberfläche zurück.

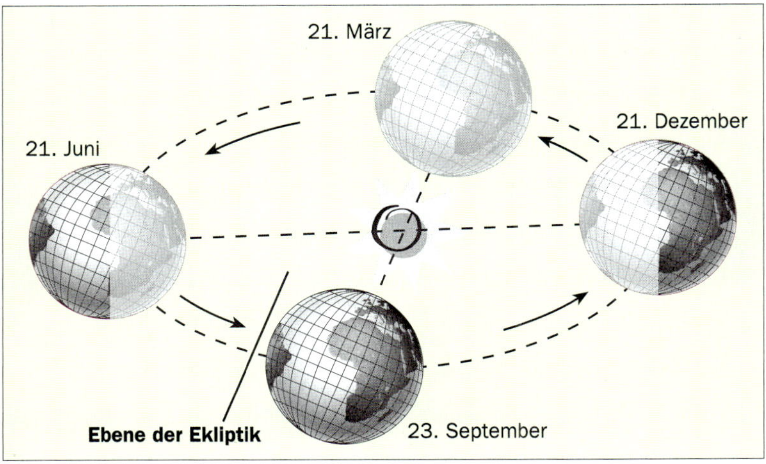

Erdkreise
Die Wissenschaft operiert mit verschiedenen gedachten Linien, die den Erdball umschließen und in der Wetter- und Klimakunde wichtig sind:

Äquator – teilt als längste Umfangslinie die Erde in die Nord- und die Südhalbkugel.
Breitenkreise – sie verbinden parallel zum Äquator Orte gleicher geographischer Breite auf einer Skala von jeweils 0°–90°.
Wendekreise – über den beiden Breitenkreisen in ca. 23,5° nördlicher bzw. südlicher Breite steht die Sonne einmal im Jahr bei der Sommersonnenwende senkrecht.
Polarkreise – an den beiden Breitenkreisen in ca. 66,5° nördlicher bzw. südlicher Breite ist die Sonne zur Sommersonnenwende um Mitternacht gerade noch am Horizont sichtbar.

Sommer und Winter

Das Weltall dehnt sich wie ein Luftballon aus, der aufgeblasen wird. Das Milchstraßensystem rotiert wie ein Kreisel, die Planeten bewegen sich mit vielen kleineren Himmelskörpern um die Sonne, die Erde dreht sich selbst und wird wiederum vom Mond umrundet. Die Rotation der Erde und ihr Lauf um die Sonne haben großen Einfluss auf Wetter und Klima; sie sorgen für ihren tages- und jahreszeitlichen Rhythmus, der sich etwa in den mehr oder weniger regelmäßigen Schwankungen der Lufttemperatur, der Luftfeuchte und anderer meteorologischer Elemente äußert.

Für die Entstehung der Jahreszeiten spielt eine entscheidende Rolle, dass die Rotationsachse der Erde nicht senkrecht auf der Umlaufbahn steht, sondern um etwa 23,5° gegen die Senkrechte gekippt ist – diese „Schieflage“ behält sie auf ihrem jährlichen Umlauf um die Sonne bei. Dadurch neigt sich die Erdachse der Sonne mal mehr, mal weniger zu, und je nach Monat und Tag treffen deren Strahlen im steilen oder flacheren Winkel auf die Erdoberfläche. Da die Zufuhr der Sonnenenergie bei steilem Einfallen der Strahlen besonders konzentriert und stark ist, verschiebt sich mit dem Erdumlauf auch der Gürtel der stärksten Sonneneinstrahlung über der Erdoberfläche.

Tag und Nacht

Um den 21. März steht die Sonne mittags am Äquator im Zenit, das heißt 90° über dem Horizont. Im Frühling der Nordhalbkugel verschiebt sich die Zone des Sonnenhöchststands dann von Tag zu Tag ein wenig nach Norden und erreicht am 21. Juni den Nördlichen Wendekreis. Dort macht die Sonne scheinbar kehrt, und nach der Sommersonnenwende verlagert sich die Zone des Sonnenhöchststands im Sommer der Nordhalbkugel wieder zurück zum Äquator, der um den 23. September erreicht wird.

Im folgenden Halbjahr, dem Herbst und Winter der nördlichen Hemisphäre, spielt sich über der Südhalbkugel spiegelbildlich gesehen exakt das ab, was die Bewohner nördlicher Breiten sechs Monate zuvor erlebten: Die Zone des Sonnenhöchststands wandert nach Süden bis zum Südlichen Wendekreis, den sie um den 21. Dezember berührt, und kehrt im Vierteljahr nach der Wintersonnenwende (bzw. Sommersonnenwende der Südhalbkugel) wieder zum Äquator zurück.

Was das Wetter betrifft, werden die astronomischen Jahreszeiten Frühling, Sommer, Herbst und Winter nicht immer ihrem Namen gerecht – bei der Tageslänge halten sie sich jedoch geradezu pedantisch daran. Zweimal im Jahr, zur Zeit der Tagundnachtgleiche um den 21. März und den 23. September, sind die Tage überall auf der Erde gleich lang. Zur Sommersonnenwende hin nimmt die Tageslänge auf der jeweiligen Erdhalbkugel dann zu, zur Wintersonnenwende hin dagegen kontinuierlich ab.

Die kürzesten und längsten hellen Tage verzeichnen die Polargebiete (S. 73). Und während sich in den Tropen, zwischen den Wendekreisen, die Tageslänge im Lauf des Jahres kaum ändert, vergehen in unseren Breiten zwischen Sonnenauf- und -untergang wenigstens 7 1/4 und höchstens 17 1/2 Stunden. Hinzu kommen am Morgen und Abend die Dämmerungen (jeweils ca. 35–60 Minuten), in denen durch Streuung und Reflexion in höheren Atmosphärenschichten nur wenig Sonnenlicht zur Erdoberfläche gelangt.

„Zählt die heiteren Stunden nur!"

Die Drehung der Erde um ihre Achse wird bei der Sonnenuhr durch den Schatten sichtbar, den ein Stab bei Sonnenschein wirft, und der im Lauf des Tages über die Schattenebene wandert. Der Umlauf der Erde um die Sonne hat zur Folge, dass der schon seit über 2000 Jahren beliebte Zeitmesser nicht besonders präzise arbeitet. Die Umlaufbahn ist nämlich nicht genau kreis-, sondern ellipsenförmig, was zu Abweichungen bis zu einer Viertelstunde führt.

Natürlich chaotisch?
Das Bild, das der Himmel bei bestimmten Wetterlagen und Wettertypen, etwa dem Aprilwetter oder den Wetterphasen 5 und 6 (S. 79) bietet, ist oft verwirrend. Da sind Vertreter der verschiedensten Wolkenfamilien und -gattungen gleichzeitig zu erkennen, flüssige und feste Niederschläge gehen scheinbar wahllos nieder, und die Temperaturkurve gleicht mitunter einer Berg- und Talbahn. Das scheinbare Chaos wird erst durchschaubar, wenn die einzelnen Wetterelemente zunächst für sich betrachtet und anschließend miteinander verknüpft werden.

Bausteine von Wetter und Klima

Ähnlich wie bei der chemischen Analyse Stoffe in ihre einzelnen Bestandteile zerlegt werden, um daraus vielleicht später durch Synthese neue Substanzen herzustellen, wird in der Meteorologie das Wetter zunächst gleichsam seziert. Man gliedert es gedanklich in seine Bausteine – die Wetterelemente bzw. meteorologischen Elemente – und untersucht diese. Aus der Fülle der gewonnenen Daten ergibt sich dann in einer „synoptischen" Zusammenschau der Gesamtzustand oder ein Teilaspekt des Wetters.

Zu den wichtigsten meteorologischen Elementen gehören die Intensität der Strahlung, die Sonnenscheindauer, die Lufttemperatur, der Luftdruck, die Richtung und Stärke des Winds, die Luftfeuchte, die Bewölkung, die Menge und Art der Niederschläge und die atmosphärische Elektrizität. Die meisten Zustandsgrößen werden mit Zahlenwerten beschrieben, die man, um den Überblick über die Vielzahl der Daten zu behalten, mittelt – in der Regel für einen bestimmten Zeitraum, etwa einen Tag, einen Monat oder ein Jahr, manchmal auch für ein größeres Gebiet. So beträgt der Jahresdurchschnitt der Lufttemperatur, bezogen auf die gesamte Erdoberfläche, gegenwärtig 13,9 °C (mit steigender Tendenz). Hinter dieser Zahl verbirgt sich eine gewaltige Spannweite: In Dallol (Äthiopien), dem im Durchschnitt heißesten Ort der Erde, beträgt das Jahresmittel der Lufttemperatur 34,6 °C, in Wostok (Antarktis), dem Kältepol, aber -55,1 °C. Und noch größer werden die Abweichungen vom Mittelwert, wenn man die absoluten Werte, das heißt die extremsten jemals an einem bestimmten Ort registrierten Maxima und Minima, berücksichtigt (siehe Kasten).

Rekordlisten enthalten immer zahlreiche Unwägbarkeiten und sind daher nur mit Vorsicht zu genießen. Zumal bei Wetter- und Klimarekorden sollte man besonders vorsichtig sein. Denn zum einen sind die Beobachtungsnetze noch immer recht weitmaschig, sodass ihnen Ereignisse auf kleinstem Raum leicht entgehen; zum andern sind die Mess-Systeme häufig durch Wetterextreme überfordert; so kommt es vor, dass Windmesser selbst Opfer von Orkanen und beschädigt oder zerstört werden. Darum ist es sinnvoller, statt von Rekorden von Extremen zu sprechen.

Weltweite Wetter- und Klimaextreme

Sonnenscheindauer Gut 4000 Stunden im Jahresdurchschnitt scheint die Sonne über Yuma (US-Bundesstaat Arizona); dafür sind die Süd-Orkney-Inseln (Südatlantik) mit durchschnittlich nur 478 Sonnenstunden pro Jahr extrem sonnenscheinarm.

Temperatur Der heißeste Tag seit Menschengedenken war vermutlich der 13. September 1922. Damals wurden in der libyschen Oasenstadt El Azizia zwei Meter über dem Erdboden +58 °C gemessen. Am 21. Juli 1983 sank die Lufttemperatur in der Forschungsstation Wostok (Antarktis) dagegen auf eisige -89,2 °C. Mit -77,8 °C, registriert im Winter 1938, gilt der Ort Oimjakon (Sibirien) als Kältepol der bewohnten Welt.

Luftdruck Im Kern des sibirischen Hochdruckgebiets stieg der Druck am 31. Dezember 1968 auf rund 1084 hPa (Hektopascal), der Taifun „Tip“ brachte am 12. Oktober 1979 über dem Westpazifik das weltrekordverdächtige Luftdruckminimum von 870 hPa.

Wind Am 12. April 1934 tobte auf dem Gipfel des Mount Washington (US-Bundesstaat New Hampshire) ein Orkan, der Spitzengeschwindigkeiten von 416 km/h erreichte. Die Luftströmungen innerhalb eines Tornados (S. 154) sind womöglich noch viel schneller.

Regen und Schnee Rund 11 700 mm Regen fallen im Jahresdurchschnitt am „feuchtesten Fleck der Welt“, auf dem Gipfel des Mount Waialeale (Hawaii-Inseln). Mehr als doppelt so viel (26 461 mm) ergossen sich vom 1. August 1860 bis zum 31. Juli 1861 binnen zwölf Monaten auf das Städtchen Tscherrapundschi (Assam, Indien). Und innerhalb von nur 24 Stunden gingen am 15./16. März 1952 auf der Insel Réunion (Indischer Ozean) insgesamt 1870 Liter Regen auf jeden Quadratmeter nieder.

Die Ufer des Silverlake (US-Bundesstaat Colorado) versanken am 14./15. April 1921 unter 193 cm Neuschnee. Mit einer Gesamtneuschneemenge von knapp 29 m im Winter 1998/99 führt der Mount Baker (US-Bundesstaat Washington) wahrscheinlich die Liste der schneereichsten Berge an, unter den Tiefländern der Erde ist der Nordwesten der japanischen Insel Honshu mit bis zu 377 cm (Februar 1945) extrem schneereich.

Die Farben des Sonnenlichts
Das Licht der Sonne, die hoch am Himmel steht, erscheint uns gleißend weiß. In Wirklichkeit ist es jedoch ein Gemisch der verschiedensten Farben, die im Physik-Unterricht sichtbar gemacht werden können, indem man die Lichtstrahlen durch ein Prisma leitet und je nach Wellenlänge in die Spektralfarben zerlegt. Aber auch im Alltag ist häufig zu erkennen, dass das Licht Wellencharakter besitzt, etwa an den „Regenbogenfarben" auf der Oberfläche von Seifenblasen oder wie hier an den bunt schillernden Flecken, die dünne Ölschichten auf dunkel asphaltierten Straßen erzeugen.

Strahlung

Die Sonnenstrahlung umfasst ein Bündel von Strahlungsarten unterschiedlicher Wellenlängen. Darin nimmt das sichtbare Sonnenlicht nur einen relativ schmalen Bereich ein. Auf diesen Bereich entfällt allerdings fast die Hälfte der Energiemenge der Sonnenstrahlung. Die Energiezufuhr auf der Erde hängt also entscheidend von der Sonnenscheindauer ab. Sie schwankt in Mitteleuropa im Jahresdurchschnitt je nach Region zwischen etwa 1500 und 2000 Stunden, während sie in den sonnenscheinreichsten Zonen der Erde – beiderseits der Wendekreise – oft doppelt so lang ist.

Neben der Sonnenscheindauer sind für die Energiemenge die Sonnenhöhe (der Stand der Sonne am Himmel) sowie die Bewölkung und Trübung der Atmosphäre überaus wichtige Faktoren. Bei wolkenlosem Himmel und einer Sonnenhöhe von 50° ist die Energiezufuhr mehr als 12-mal so groß wie bei einer Sonnenhöhe von 5°. Auf der anderen Seite kann eine geschlossene Wolkendecke den Energiegewinn auf weniger als ein Viertel drosseln. Die größten Gewinne verzeichnen deshalb die meist nur locker bewölkten Subtropen, während des Sommers der Nordhalbkugel also vor allem Vorder- und Mittelasien.

Sonnenbrand – auch im Schatten
Noch stärker als das sichtbare Licht wird die unsichtbare ultraviolette Strahlung von den Gasteilchen gestreut. Der hellhäutige Badeurlauber sollte sich daher auch unter dem Sonnenschirm vor Sonnenbrand schützen.

Himmelsblau

Zwischen und über den Wolken zeigt sich der Himmel tagsüber meist in blauen und über den Gipfeln der Hochgebirge in fast violetten Farbtönen. Dieses Himmelsblau ist eine Mischfarbe aus allen Farben des Sonnenlichts, bei der allerdings die blauen bis violetten Anteile für das menschliche Auge am deutlichsten hervortreten. Der Grund dafür liegt darin, dass die kurzwelligen Strahlen am blauvioletten Ende des Farbspektrums von den Luftmolekülen am stärksten gestreut, also gewissermaßen aus der Bahn geworfen und dabei gleichmäßig über das gesamte Himmelsgewölbe verteilt werden.

Wellen im Luftmeer

Ein dicht bevölkerter Sandstrand, an dem sich die Badegäste bis weit vor der Küstenlinie im Wasser tummeln. Der frische Seewind erzeugt kurze, niedrige Wellen, die aber auf dem weitem Weg bis zum Strand auf die Menschenmassen treffen, von ihnen zurückgeworfen, umgelenkt und schließlich ausgelöscht werden. Anders dagegen die langen, hohen Dünungswellen, die aus fernen Meeresgebieten kommen: Sie lassen sich von den Badegästen kaum ablenken und rauschen zwischen ihnen hindurch bis zur Küste.

Was haben solche Badeszenen mit Meteorologie zu tun? Sie erklären farbenprächtige Sonnenauf- bzw. -untergänge, das Morgen- und das Abendrot, das Purpurlicht und das Alpenglühen. Je kürzer die Wellenlänge der Lichtstrahlen und je länger ihr Weg durch die Erdatmosphäre ist, umso größer ist die Gefahr, dass sie von den gasförmigen, flüssigen und festen Bestandteilen der Atmosphäre eliminiert werden. Umgekehrt formuliert, haben die langwelligen orange- bis purpurroten Strahlen des Sonnenlichts bei tiefem Sonnenstand (und daher weitem Weg durch die Lufthülle) und/oder stärkerer „Verschmutzung" der Atmosphäre die besten Chancen, die Erdoberfläche zu erreichen. Das Morgen- und das Abendrot, zusammengefasst als Purpurlicht, sind sichtbare Beweise für diese These. Im Hochgebirge erstrahlen dann beim Alpenglühen nicht nur die Wolken am Himmel, sondern auch helle Felswände, Gletscher, Schnee- und Firnfelder in den schönsten Farben.

Regenbogen

Der Regenbogen gehört zu den eindrucksvollsten Leuchterscheinungen in der Atmosphäre. Er zeigt sich auf dunklen Regenwolken (häufig auch auf Gischtwolken über Wasserfällen), die von der Sonne (oder dem Mond) beschienen werden, und stets dort am Himmel, wohin der Schatten des Beobachters weist. Meist sieht man nur den Hauptregenbogen, doch manchmal taucht noch ein zweiter, schwächer ausgeprägter Nebenbogen auf.

Großtropfiger Regen, der vor allem aus hohen Gewitter- und Schauerwolken fällt, erzeugt die schönsten Regenbögen in leuchtenden Farben. Bei kleineren Tropfen verblasst die Farbenpracht, und Nebelschwaden, die aus sehr kleinen Tropfen bestehen, erzeugen nur einheitlich weiße Nebelbögen.

Regenbogen
Regenbögen sind seltene atmosphärische Phänomene. Am häufigsten kommen sie bei Aprilwetter vor, die schönsten am späten Nachmittag oder frühen Abend: Bei tiefem Sonnenstand wölbt sich der Regenbogen dann besonders hoch empor.

Die Kreisbogenform kommt nach der klassischen Theorie des französischen Denkers René Descartes dadurch zustande, dass die Lichtstrahlen beim Ein- bzw. Austritt an der Oberfläche des Wassertropfens gebrochen (abgelenkt) und im Innern des Tropfens ein- oder zweimal reflektiert werden. Beim Hauptregenbogen beträgt der Winkel zwischen dem von der Sonne kommenden Lichtstrahl und dem Strahl, der im Innern einmal reflektiert wurde und dann das Auge des Beobachters erreicht, rund 42°, beim Nebenbogen, der auf zweimalige innere Reflexion zurückgeht, 51°. Da die Brechung des Lichts von der Wellenlänge abhängt (blaues Licht z.B. wird stärker gebrochen als rotes) werden die Lichtstrahlen auf ihrem Weg durch den Tropfen zugleich in die Wellenlängen der „Regenbogenfarben" aufgespalten: Rot, Orange, Gelb, Grün, Blau und Violett.

Seltsame Säulen
Solche rötlich-gelben Lichtsäulen sind bisweilen bei Sonnenauf- oder -untergang für etwa 20–60 Minuten oberhalb der Sonne zu beobachten. Das Phänomen geht auf Eis- und Schneekristalle in der Luft zurück. In diesem Fall sind sie jedoch nicht in Ruhe, sondern schwingen um ihre Vertikalachse.

Halos und Koronen

Im Unterschied zum Regenbogen entstehen **Halos** (lat. = Hof um Sonne oder Mond) hauptsächlich durch Brechung und Spiegelung des Lichts an Eiskristallen und fallenden Schneekristallen in der Atmosphäre. Die zum Teil farbenprächtigen Lichtbögen, Lichtstreifen und Lichtflecken sind vor allem in den hohen Eiswolken zu beobachten, und unter dem guten Dutzend verschiedener Lichtphänomene sind wiederum Lichtringe (S. 69), Säulen und die so genannten Nebensonnen, helle, oft buntschillernde Lichtflecken links und rechts der Sonne, am häufigsten.

Eine weitere, umfangreiche Gruppe von Leuchterscheinungen sind die Höfe, Kränze oder **Koronen**, die sich rund um die Sonne oder den Mond zeigen. Die hellen Lichtflecken gehen auf die Beugung des Lichts an Wassertröpfchen zurück, am deutlichsten sind sie entwickelt, wenn die Tröpfchen annähernd gleiche Größe aufweisen. Koronen können aber auch in Wolken aus Blütenstaub entstehen. Da die Beugungswirkung von der Wellenlänge abhängt, kommt es wie beim Regenbogen zur Aufspaltung des Lichts in die Spektralfarben: Farbige Kränze umschließen die Lichtquelle.

Farben im Eis
Nicht jeder himmlische Bogen, der in „Regenbogenfarben“ leuchtet, ist ein echter Regenbogen. Dieser farbenprächtige Bogen gehört vielmehr zu den Haloerscheinungen. Er entsteht an sechseckigen, plättchenförmigen Eiskristallen, die horizontal ausgerichtet in der Luft schweben. Dieser Zirkumzenitalbogen kommt beinahe so häufig wie der Regenbogen vor.

Extreme am Erdboden
Über schwarzem Lavaboden erhitzt sich die Luft bei starker Sonneneinstrahlung ohne weiteres auf 60–70 °C. Die Kristall-Mittagsblume, die in dieser extrem heißen Zone am Boden überlebt, besitzt mit ihrer stark reflektierenden Oberfläche einen wirkungsvollen Hitzeschutz. Nachts kühlt sich der Erdboden dagegen durch Wärmeausstrahlung häufig stark ab.

Temperatur

Prognosen über die voraussichtlich zu erwartenden Lufttemperaturen gehören zu den Grundbestandteilen jeder Wettervorhersage, und mit Sicherheit ist das Thermometer das am weitesten verbreitete meteorologische Instrument. Die verschiedenen Varianten des Thermometers (S. 58) liefern in ihrem jeweils optimalen Messbereich Ergebnisse von ausreichender Genauigkeit, um diese Werte miteinander vergleichen zu können – sofern die Lufttemperatur im Innern einer Wetter- oder Thermometerhütte (S. 58) bzw. allgemein im Schatten gemessen wird. Dort sind die Verfälschungen der Messergebnisse durch die Sonnenstrahlung am geringsten. Die Wetterhütte befindet sich in 2 m Höhe über dem Erdboden, denn der Boden erwärmt sich und kühlt sich je nach seiner Beschaffenheit und Bedeckung mit Pflanzen oder Schnee meist sehr viel stärker ab als die Luft. Vor allem in wolkenlosen, windstillen Nächten kommt es vor, dass die Temperaturen in 2 m Höhe deutlich im positiven Bereich bei 3–5 °C liegen, während sie unmittelbar in Bodennähe unter den Gefrierpunkt sinken.

Der Frost dringt in unseren Breiten maximal etwa 1 m in den Erdboden ein, bis in diese Tiefe sind auch die tageszeitlichen Temperaturschwankungen zu spüren. Die jahreszeitlichen Schwankungen reichen bis in wesentlich größere Tiefen, werden jedoch mit jedem Meter schwächer. In 10–15 m Tiefe herrschen dann jahraus jahrein die gleichen Bodentemperaturen. Sie entsprechen ungefähr der durchschnittlichen Jahrestemperatur der Luft über dieser Stelle – eine Tat-

Celsius- und Fahrenheit-Skala
Unter den verschiedenen Temperaturskalen hat sich die Celsius-Skala durchgesetzt. In den USA und Großbritannien wird die Temperatur jedoch noch häufig in Grad Fahrenheit (°F) angegeben (nach der 1714 von dem deutschen Physiker Daniel Gabriel Fahrenheit eingeführten Skala). Mit folgenden Formeln kann man die Werte leicht umrechnen:

$$C = \frac{(F - 32) \times 5}{9} \qquad F = \frac{9 \times C}{5} + 32$$

Gewaltiger Frost
Die 1742 von dem schwedischen Astronom Anders Celsius eingeführte Temperaturskala enthält zwei Fixpunkte: Unter Normaldruck gefriert das Wasser bzw. schmilzt das Eis bei 0 °C, bei 100 °C siedet das Wasser. Während der obere Fixpunkt an der Erdoberfläche in der Natur nur ausnahmsweise erreicht wird, ist das Absinken der Temperatur unter den Gefrierpunkt des Wassers, der Frost, ein weit verbreitetes Phänomen mit gravierenden Folgen, die unter anderem an den vom Frost gesprengten mächtigen Gesteinsblöcken oben links sichtbar werden.

sache, von der man sich beim Besuch einer Höhle leicht überzeugen kann.

Auf der anderen Seite empfindet der Mensch exakt gleiche, mit dem Thermometer gemessene Lufttemperaturwerte am eigenen Leib oft ganz unterschiedlich. Eine wichtige Rolle spielt dabei die Luftfeuchte, denn von ihr hängt die Verdunstung ab, über die der Organismus die Körpertemperatur reguliert. In sehr trockener Luft können z.B. 18 °C als erfrischend, vielleicht sogar als kühl empfunden werden, bei 95 % Luftfeuchtigkeit wirkt aber dieselbe Temperatur drückend schwül. Verschiedene Berechnungsverfahren versuchen den Bereich der Schwüle genauer einzugrenzen, mit unterschiedlichen Ergebnissen; sicher ist, dass sie vor allem in der Zone der tropischen Regenklimate einen erheblichen Wetterstress darstellt.

Wind auf nackter Haut entzieht dem Körper Wärme, was bei hohen Lufttemperaturen als angenehm empfunden wird, in den Polargebieten und Hochgebirgen sich aber zum gefährlichen **Windchill** (so viel wie „Windfrost“) entwickeln kann. Bereits relativ schwache Winde von 4–5 Bft (*Beaufort* siehe S. 133) lassen die gefühlte Temperatur um 15–20 Grad unter die gemessene Lufttemperatur sinken. Bei tieferen Lufttemperaturen und/oder höheren Windgeschwindigkeiten ist dann bald die Schwelle unterschritten, jenseits derer in kürzester Zeit Erfrierungen auftreten.

Temperaturgefälle

Die Lufttemperaturen auf der Erde schwanken zwischen den Hitze- und den Kältepolen in einer weiten Spanne – bei den Extremwerten um fast 150 Grad und bei den Jahresmitteltemperaturen um rund 90 Grad –, trotzdem ist das Temperaturgefälle in der Horizontalen vom irdischen „Wärmescheitel" (der etwas nördlich vom geographischen Äquator verläuft) zu den Polen hin relativ gering: im Durchschnitt kommen auf 10 Breitenkreise (was einer Entfernung von rund 1100 km entspricht) nur 5 bis maximal 10 °C, in den Tropen sogar wesentlich weniger.

Darin spiegelt sich die intensive Durchmischung der Atmosphäre wider, bei der Luftströmungen kalte und warme Luftmassen über riesige Entfernungen verfrachten. Hinzu kommt der Wärme- bzw. Kältetransport durch Meeresströmungen (S. 91).

Dagegen ist das vertikale Temperaturgefälle zu den Gipfeln der Gebirge hin weit stärker ausgeprägt: Die Temperatur sinkt weltweit im Durchschnitt um 6,5 °C pro 1000 Höhenmeter. Auf den höchsten Bergen der Erde herrschen daher Lufttemperaturen von unter -50 °C, die wegen der abkühlenden Wirkung des Windes sogar als noch weitaus kälter empfunden werden.

Normalerweise fallen die Temperaturen innerhalb der Troposphäre zur Höhe hin ab. Es kommt allerdings

Stabiles Wetter
Die Lagerung von warmen leichteren über kühlen schwereren Luftmassen ist außerordentlich stabil. Inversionen, die die unterschiedlichen Luftmassen trennen, bilden für vertikale Luftströmungen beinahe undurchdringliche Sperrschichten und behindern so den Luftmassenaustausch. Vor allem in der kalten Jahreszeit sammeln sich darunter Schadstoffe an und färben die bodennahen Luftschichten dunkel. Die Inversion wird so als nahezu messerscharfe Grenzfläche zwischen der verschmutzten Luft und der reinen Luft in der Höhe sichtbar, wie hier über dem Vorland der Rhön.

auch nicht selten vor, dass die Temperaturkurve zunächst nach unten zeigt, plötzlich jedoch nach einem scharfen Knick wieder ansteigt. Solche **Inversionen** (lat. *inversio* = Umkehrung) entstehen unter anderem im Einflussbereich von Hochdruckgebieten, in denen die Luftmassen absinken und sich zugleich erwärmen. Die warme, leichtere Luft liegt dann gleichsam wie der Deckel auf einem Topf über den bodennahen kälteren Schichten.

Labiles Wetter
Der Sommermonsun treibt vom Indischen Ozean her feucht-warme Luftmassen gegen die Kämme des Himalaya. Die Luft muss dort aufsteigen, kühlt sich ab und erreicht irgendwann den Temperaturpunkt, an dem der Wasserdampf kondensiert. Dabei wird die im Wasserdampf „versteckte“ Wärmeenergie frei, die Wolkenluft erwärmt sich und erhält zusätzlichen Auftrieb, der eine normale Haufenwolke in wenigen Stunden zu einem kilometerhohen Wolkenturm aufquellen lässt.

Temperaturänderungen

Jedes Auf- bzw. Absteigen der Luft ist mit Temperaturänderungen verbunden. Der Grund: Jedes Gas kühlt sich ab, wenn es vom Druck entlastet wird, und erwärmt sich, wenn der Druck steigt. Ein an der Erdoberfläche erhitztes Luftpaket gelangt beim Aufstieg in „dünnere“ Luftschichten, in denen ein geringerer Luftdruck herrscht (S. 36), dabei kühlt es sich ab, in der Regel um 1 °C pro 100 Höhenmeter. Umgekehrt steigt seine Temperatur beim Abstieg in tiefere Schichten, auf denen die Masse der Atmosphäre stärker lastet.

Für feuchte Wolkenluft gelten allerdings andere Regeln. Sie kühlt sich beim Aufstieg langsamer ab, weil bei der Kondensation des Wasserdampfs Wärme frei wird (S. 43). Auch die Temperaturzunahme beim Abstieg fällt nicht so stark aus, weil die Tröpfchen in der wärmeren Luft verdunsten, was Energie kostet. In beiden Fällen wird die Schichtung der Atmosphäre labil und das Geschehen turbulent: Die im Vergleich zur Umgebung wärmere Wolkenluft drängt mit Macht nach oben, um den ihrer Temperatur entsprechenden Platz in den Atmosphärenstockwerken einzunehmen, die kältere Luft stürzt aus dem gleichen Grund herab.

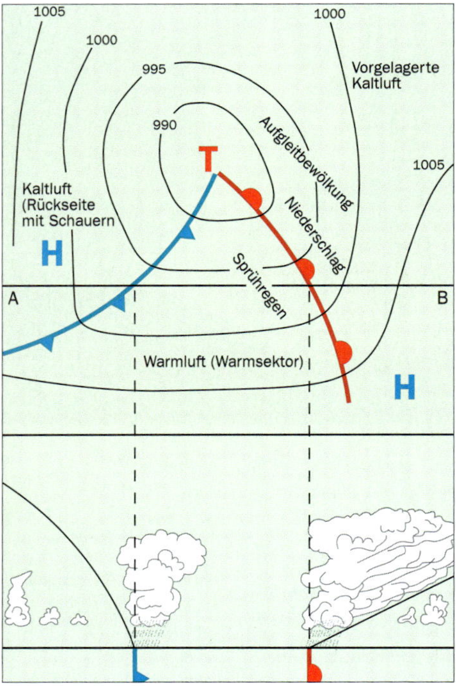

Innenleben eines Tiefs
In der Frühphase eines Tiefs ist der Warmluftsektor noch breit. Die Warmfront (zu erkennen an der abgerundeten Zähnung der Linie) liegt weit vor der Kaltfront (spitze Zähne). Dann holt jedoch die Kaltfront von hinten her rasch auf, schnürt den Warmluftsektor ein und vereinigt sich schließlich mit der vorangehenden Warmfront zu einer so genannten **Okklusion**. Im Querschnitt sind unten die Wolken- und Niederschlagsfelder an den Fronten dargestellt.

Luftdruck

An der Gesamtmasse der Erde hat die Atmosphäre nur einen winzigen Anteil, dennoch ist sie mit rund 5100 Billionen Tonnen unvorstellbar groß. Unter der Wirkung der irdischen Schwerkraft übt diese Luftmasse Druck auf die Erdoberfläche und die Lebewesen aus: den Luftdruck. Wie jeder Gasdruck wirkt dieser Druck allseitig immer senkrecht auf eine Fläche. Auf einem erwachsenen Menschen lasten so auf Meeresniveau immerhin rund 20 Tonnen Luft. Er spürt aber diesen Luftdruck gewöhnlich überhaupt nicht, weil ein Gleichgewicht zwischen dem Druck im Körperinneren und dem äußeren Druck herrscht. Bei schnellem Auf- oder Abstieg zwischen den verschiedenen Stockwerken der Atmosphäre, etwa in einer Bergbahn oder im Fahrstuhl, macht sich die unsichtbare Kraft allerdings oft durch einen unangenehmen Druck in den Ohren bemerkbar, denn der Luftdruck nimmt zur Höhe hin rasch ab: In Meeresspiegelhöhe, wo auf jedem Quadratmeter Erdoberfläche ungefähr 10 000 kg Luft lasten, beträgt er im Mittel 1013,25 hPa, 100 m höher durchschnittlich nur noch rund 1000 hPa, und in 5,5 km Höhe ist er auf die Hälfte und in 11 km auf ein Viertel des Wertes auf Meeresniveau zurückgegangen. Um ein zutreffendes Bild der Luftdruckverteilung in den bodennahen Schichten zu erhalten, müssen die an den Wetterstationen verschiedener Höhenlage gemessenen Luftdruckwerte deshalb reduziert, das heißt, mit einer bestimmten Formel auf die entsprechenden Werte im Meeresniveau umgerechnet werden.

In den Wetterkarten umschließen **Isobaren** (Linien, die Orte mit gleichem Luftdruck verbinden) Gebiete mit relativ hohem Druck – Hochdruckgebiete oder Hochs – und Gebiete mit vergleichsweise tiefem Druck – die Tiefdruckgebiete oder Tiefs. Diese Druckgebilde entstehen zum einen unter dem Einfluss der Lufttemperatur: Da warme Luft leichter als kalte ist, steigt sie bei intensiver Sonneneinstrahlung auf und hinterlässt am Boden eine Zone tiefen Drucks, ein Hitzetief (thermisches Tief). Umgekehrt sinkt kalte schwerere Luft ab und erzeugt am Boden ein Kältehoch (thermisches Hoch). Wesentlich häufiger bilden sich daneben noch Hoch- und Tiefdruckgebiete durch gegeneinander bzw. auseinander strömende unterschiedlich temperierte Luftmassen, die unter dem Einfluss der **Corioliskraft** (S. 39) stehen. Für diese dynamischen Druckgebilde sind die Bezeichnungen **Antizyklonen** (hoher Druck) und **Zyklonen** (tiefer Druck) üblich.

Maßeinheiten
Der Luftdruck wird heute in der Meteorologie meist in **Hektopascal** (= 100 Pascal), abgekürzt hPa, angegeben. Hin und wieder finden aber auch noch die früher üblichen Maßeinheiten Millibar (mbar) und Torr bzw. mm Hg (= Millimeter Quecksilbersäule) Verwendung. 1 hPa entspricht 1 mbar oder rund 0,75 Torr.

Zyklonen und Antizyklonen

Die Tiefs und Hochs unserer Breiten entstehen hauptsächlich an der Polarfront oder Frontalzone, an der kalte arktische Luft auf warme subtropische stößt. Sie verläuft durchschnittlich bei etwa 40–45° nördlicher Breite, schwingt aber, gesteuert durch ein wellenförmiges Starkwindband in großer Höhe, wie ein mäandrierender Fluss auch weit nach Norden oder Süden aus. An den Wellenbergen und -tälern entwickeln sich dabei Bereiche, an denen die Luftmassen zusammenströmen (und so hohen Druck erzeugen) oder aber auseinander fließen (was Luftdruckfall bewirkt). Solche Tiefdruckgebiete saugen kalte Luft aus dem Norden und warme aus dem Süden an. Zunächst ist die Front – die Grenzlinie zwischen den unterschiedlich temperierten Luftmassen – mehr oder weniger gerade und stationär, im weiteren Lauf der Entwicklung gerät sie jedoch in Bewegung, dreht sich (auf der Nordhalbkugel) entgegen dem Uhrzeigersinn um den Kern des Tiefs, wobei die Warmfront, gewissermaßen der warme Flügel der Grenzlinie, langsamer vorankommt als die Kaltfront und schließlich von ihr eingeholt wird. Im Satellitenbild sind die Fronten, die im mittleren Lebensabschnitt der Tiefs einen breiten, mit Warmluft gefüllten Sektor einschließen, an Wolkenbändern zu erkennen. Die längste Lebenserwartung haben dynamische Tiefs über den Ozeanen. Geraten die Wirbel auf ihrem Weg von Westen nach Osten über die Landmassen, dann bewirkt die stärkere Reibung des Windes am Erdboden einen rascheren Druckausgleich, und das Schicksal der Druckgebilde ist besiegelt.

Woher der Wind weht
Die Luft strömt immer von den Hoch- zu den Tiefdruckgebieten, und die Wetterkarte zeigt die Lage der Druckgebilde. Doch nach dem „Windgesetz" verrät der Wind schon in der freien Natur, woher er weht: Dreht man dem Wind den Rücken zu, dann liegt das Hochdruckgebiet auf der Nordhalbkugel rechts hinter einem, das Tiefdruckgebiet dagegen vorn links. Auf der Südhalbkugel ist es genau umgekehrt.

Wind

Kein anderes Wetterelement ist so vielfältig wie der Wind, die bewegte Luft. Es gibt Dutzende lokaler und regionaler Winde, die eigene Namen tragen, vom Autan im Vorland der Pyrenäen bis zur Zonda in Argentinien, beide enge Verwandte des Föhns (S. 124). Zahllose Winde werden auch nur nach der Himmelsrichtung benannt, aus der sie wehen. Und je nach seiner Stärke (S. 133) tritt ein Winde als Brise, Sturm oder Orkan auf. Die Windgeschwindigkeit wird meist in Kilometern pro Stunde (km/h), häufig auch in Knoten (kt), das sind Seemeilen pro Stunde, angegeben.

Luftströmungen entstehen durch Druckunterschiede innerhalb der Atmosphäre. So wie Bäche und Flüsse von den Bergen in die Täler fließen, strömen die Luftmassen von den Hochs zu den Tiefs, und zwar umso schneller, je stärker das Luftdruckgefälle ist.

Durch Reibungskräfte an der mehr oder weniger rauen Erdoberfläche werden die Luftsrömungen normalerweise bis in 500 oder 1000 m Höhe abgebremst; die Windgeschwindigkeit nimmt daher zur Höhe hin zu. Bei weiträumigen und länger andauernden Strömungen macht sich zudem die **Corioliskraft** bemerkbar. Sie wächst mit der Windgeschwindigkeit und der geographischen Breite. Diese ablenkende Kraft der

Vom Wind zerzaust
In den langen „Wolkennasen" spiegelt sich der Anstieg der Windgeschwindigkeit zur Höhe hin wider.

Staubteufel
Winde und Windsysteme kommen in den verschiedensten räumlichen und zeitlichen Dimensionen vor. Tropische Wirbelstürme (S. 152) haben oftmals einen Durchmesser von mehr als 1000 km und wüten mehrere Tage lang. Die kleinen Luftwirbel, die wie hier am Rand der Sahara Staub vom Erdboden aufwirbeln und deshalb Staubteufel genannt werden, erreichen dagegen kaum einen Durchmesser von 100 m und enden bereits nach wenigen Minuten.

Erdrotation verhindert, dass die Luft auf kürzestem Weg vom Kern des Hochs zu einem benachbarten Tief strömt. Die Luft umkreist das Hoch vielmehr, und die Druckunterschiede bleiben darum oft über längere Zeit erhalten. Der Luftmassenstrom vom Hoch zum Tief und damit der Druckausgleich erfolgt hauptsächlich in der von der Reibung an der Erdoberfläche beeinflussten Schicht. Dort nimmt die Windgeschwindigkeit und folglich auch die Corioliskraft ab: Der Wind kann hier mehr dem Luftdruckgefälle folgen und irgendwann die Druckunterschiede ausgleichen.

Die Corioliskraft
Die Erde dreht sich um ihre Achse: in rund 24 Stunden um 360°, in 12 Stunden um 180°, in einer Stunde um 15°. An jedem Punkt der Erdoberfläche ist diese Winkelgeschwindigkeit gleich. Das bedeutet freilich nicht, dass jeder Punkt z.B. in einer Stunde durch die Drehung um dieselbe Strecke verlagert wird. Denn da die Erde annähernd eine Kugel ist, schrumpft die Länge der Breitenkreise vom Äquator zu den Polen hin. Bei einer Drehung um 15° in einer Stunde wird ein Punkt auf dem Äquator um 1674 km von Westen nach Osten verlagert, ein Punkt auf dem 60. Kreis nördlicher bzw. südlicher Breite aber nur noch um 887 km. Die West-Ost-Geschwindigkeit nimmt also vom Äquator zu den Polen hin ab und geht an den Polen selbst auf 0 km/h zurück. Diese Tatsache hat insbesondere für bewegte Luft- und Wassermassen weitreichende Folgen.

Bewegte Massen reagieren träge und ändern ihre Geschwindigkeit und Richtung nur langsam. Eine Luftmasse, die sich auf der Nordhalbkugel vom Äquator aus nach Norden in Bewegung setzt, nimmt die höhere West-Ost-Geschwindigkeit aus ihrem Ursprungsgebiet mit und eilt in höheren Breiten folglich nach Osten voraus. Umgekehrt reicht die niedrigere West-Ost-Geschwindigkeit einer Luftmasse, die in polnahen Breiten nach Süden startet, nicht aus, um mit dem höheren Tempo in der Nähe des Äquators Schritt zu halten. Sie hinkt ihm nach Westen hin versetzt hinterher. Weiträumige Luftströmungen werden also senkrecht zu ihrer Bewegungsrichtung abgelenkt: auf der Nordhalbkugel stets nach rechts, auf der Südhalbkugel nach links. Diese ablenkende Kraft der Erdrotation wird nach dem französischen Physiker Gaspard Gustave de Coriolis Corioliskraft genannt.

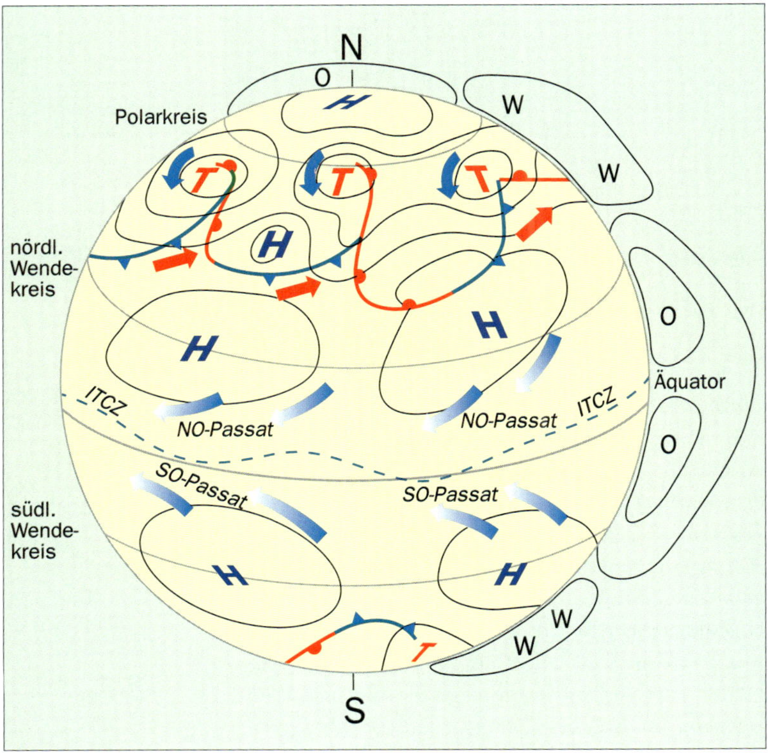

Luftkreisläufe
Die Grafik zeigt die durchschnittliche Luftdruckverteilung und die markantesten Windsysteme in den bodennahen Schichten. Ebenfalls dargestellt ist die Lage der Innertropischen Konvergenz (ITCZ), jener Zone, in der sich die Passate vereinigen. Im Jahresdurchschnitt verläuft diese Zone etwa am Äquator, in den Sommermonaten der Nordhalbkugel verlagert sie sich jedoch weit nordwärts und sorgt vor allem in Südasien für ergiebige Monsunregen.

Luftdruckgürtel

Die Hoch- und Tiefdruckgebiete in den unteren Schichten der Atmosphäre reihen sich auf beiden Erdhalbkugeln ungefähr spiegelbildlich zum Äquator gürtel- oder kettenartig rund um den Erdball aneinander und formen dabei ein Grundmuster, das sich im Lauf der Jahreszeiten mehr oder weniger stark nord- oder südwärts verschiebt. Damit verlagern sich auch die großen Windsysteme der Erde. So greift z.B. die Westwinddrift im Herbst der Nordhalbkugel auf den Mittelmeerraum über und bringt nach dem sonnigen, heißen Sommer kühles, wechselhaftes, oft auch stürmisches Wetter mit.

Über den Polargebieten befinden sich kalte Hochdruckgebiete (in der Karte oben nicht dargestellt), aus denen die polaren Ostwinde in die ausgeprägten Tiefdruckgebiete der subpolaren Tiefdruckrinne bei 60° nördlicher bzw. südlicher Breite strömen. In den mittleren Breiten zwischen 35 und 60° nördlicher bzw. südlicher Breite prägen die westlichen Winde der Westwinddrift oder Westwindzone gemeinsam mit wandernden Hoch- und Tiefdruckgebieten das Wetter. Besonders heftig ist die Westwinddrift auf der Südhalbkugel, nicht ohne Grund heißen z.B. die Zonen zwischen dem 40. und 50. Breitenkreis oder zwischen dem 50. und 60. Breitenkreis in der Sprache der Seeleute „Brüllende Vierziger“ oder „Wütende Fünfziger“.

Windgürtel

Relativ ortsfest sind die Hochdruckgebiete, die sich zwischen 25 und 35° nördlicher bzw. südlicher Breite über Brücken zum subtropischen Hochdruckgürtel zusammenschließen. Dieser Gürtel, in dem der Wind meist nur schwach ist, speist die Passate, die ausgedehntesten und beständigsten Windsysteme in den bodennahen Luftschichten der Erde. Sie wehen auf der Nordhalbkugel annähernd aus Nordosten, auf der Südhalbkugel dagegen ungefähr aus Südosten, meist mit den Windstärken 4 und 5, und haben die äquatoriale Tiefdruckrinne zum Ziel. Dort konvergieren die Passate, das heißt, sie strömen zusammen und bilden dadurch die **Innertropische Konvergenz** (abgekürzt: ITCZ). Diese wandert mit den Jahreszeiten weit nach Norden bzw. Süden und ist im Allgemeinen eine windschwache Zone, an ihren Rändern entwickeln sich aber auch die gefürchteten tropischen Wirbelstürme.

Jet-Streams

Die Luftdruckverhältnisse in den höheren Schichten der Troposphäre weichen stark von denen in der Nähe der Erdoberfläche ab, oftmals sind sie genau entgegengesetzt. Den Ausgleich der Druckunterschiede besorgen Höhenwinde, wie die extrem starken Jet-Streams oder Strahlströme, die meist in Höhen zwischen 10 und 12 km, zum Teil auch 50 km hoch in der Stratosphäre auftreten. Die bandförmigen, sich über den Subtropen und den mittleren Breiten der Erde schlängelnden Luftströme erreichen ohne weiteres Windgeschwindigkeiten von 200 km/h, nicht selten auch 300–400 km/h. Sofern die Strahlströme den Jets, die in der oberen Troposphäre fliegen, sozusagen mit Rückenwind unter die Tragflächen greifen und die Flugzeiten verkürzen, sind sie in der Luftfahrt willkommen. Gefürchtet sind aber die Turbulenzen, die in den Starkwindbändern auftreten.

Unsichtbare Helferin
Die Verdunstung ist ein segensreicher Vorgang, der nur an seinem Ergebnis zu erkennen ist, z.B. bei der Gewinnung von Meersalz in Salinen. Dafür kommen lediglich Regionen der Erde in Frage, in denen dank starker Sonneneinstrahlung, hoher Temperaturen und kräftiger Winde die Verdunstung besonders hoch, die Regenmenge aber relativ klein ist – wie an der Küste von Teneriffa. Hier könnten im Jahresdurchschnitt von jedem Quadratmeter Boden rund 1000 Liter Wasser verdunsten, insgesamt fallen aber pro Quadratmeter nur 250 Liter Regen.

Luftfeuchte

Luft enthält stets mehr oder weniger Wasserdampf. Warme Luft kann dabei größere Mengen aufnehmen als kalte: Bei Temperaturen um den Gefrierpunkt beträgt der Höchstwert rund 4 g Wasserdampf pro 1 kg Luft, bei 10 °C schon fast das Doppelte, und heiße Luft von 30 °C ist erst bei etwa 27 g Wasserdampf je kg Luft rundum gesättigt.

Der Wasserdampfgehalt erreicht allerdings oftmals nicht die Höchstwerte der so genannten **Sättigungsfeuchte**; je nach Klimazone und Jahreszeit klafft eine kleinere oder größere Lücke, die durch die **relative Feuchte**, das gebräuchlichste Maß der Luftfeuchte, wiedergegeben wird. Enthält z.B. 30 °C heiße Luft nur 18 g Wasserdampf je kg, also zwei Drittel der Sättigungsfeuchte, dann ist sie nur zu 66 % wasserdampfgesättigt. In Mitteleuropa schwankt die relative Feuchte im Jahresdurchschnitt um 80 %, mit weniger als 50 % sind die Steppen und Wüsten im Innern der Kontinente wesentlich trockener, während sich die äquatorialen Zonen, wo die heiße Luft auch die absolut größten Wasser-

Abgefangen
In Gegenden mit dichtem Pflanzenwuchs bleibt ein Großteil des Niederschlags an den Blättern und Zweigen hängen und verdunstet. Diese Interzeptionsverdunstung sorgt in dichten Wäldern zwar für angenehme Temperaturen, verschlechtert aber die Wasserbilanz im Boden.

dampfmengen enthält, durch Werte um 90 % und unerträgliche Schwüle auszeichnen.

Verdunstung, Kondensation und Sublimation

Trockene Luft stillt ihren Wasserdampfhunger, indem sie flüssiges Wasser oder festes Eis mittels Energiezufuhr in den gasförmigen Zustand überführt, also verdunstet. Doch wo es weder Wasser noch Eis gibt, kann auch kein Wasserdampf nachgeliefert werden. In den Hitzewüsten der Erde bleibt die Verdunstung, die wie der Niederschlag in Millimetern oder Litern pro Quadratmeter gemessen wird, daher überwiegend eine nur potenzielle. Die tatsächliche Verdunstung schöpft vor allem aus zwei Quellen: aus Wasser- und feuchten Bodenflächen, die über die Evaporation (Verdampfung) Nachschub von Wasserdampf liefern, sowie aus der Transpiration der Pflanzendecke. Die Wasserabgabe der Pflanzen macht in der Regel den Hauptanteil der Verdunstung aus. Um 1 kg trockene Pflanzensubstanz zu erzeugen, müssen 300–800 Liter Wasser von einer Pflanze aufgenommen und verdunstet werden.

Anstoß von außen
In den Höhen, in denen die Jets fliegen, enthält die Luft nur noch sehr wenige schwebende Partikel, an denen sich die Feuchtigkeit niederschlagen könnte. Mit den Abgasen hinterlassen die Triebwerke jedoch winzige Wassertröpfchen, die bei der eisigen Kälte sofort gefrieren und als Eiskeime die schlagartige Umwandlung von Wasserdampf in Eiskristalle ermöglichen – und als Kondens(ations)streifen den Jets folgen.

Dieses Wasser geht aber dem Ökosystem nie wirklich verloren. Der Wasserdampf verwandelt sich durch Kondensation bzw. Sublimation (direkter Übergang von Wasserdampf in Eis) bald in Wassertröpfchen bzw. Eiskristalle, die in der Luft schweben oder sich an die Erdoberfläche anlagern. Beide Vorgänge setzen ein, wenn die Taupunkttemperatur erreicht ist, die relative Feuchte 100 % beträgt und die Luft genügend feste oder flüssige Teilchen enthält, an denen sich der Wasserdampf niederschlagen kann. Dabei wird auch die Verdunstungswärme wieder frei.

Wolken

Wolken sind sichtbare, in der Luft schwebende Anhäufungen winziger Wassertröpfchen und/oder Eiskristalle. Solche Gebilde, die ihre Umrisse ständig verändern, kann man in unseren Breiten sehr oft beobachten. Sie verhüllen im Jahresdurchschnitt an fast zwei Dritteln der Tage den Himmel.

Ähnlich wie die Pflanzen und Tiere werden auch Wolken in Familien, Gattungen, Arten und Unterarten eingeteilt und mit lateinischen Namen bezeichnet. Die Einteilung in vier Wolkenfamilien beruht auf der Höhe, in der die Wolken hauptsächlich vorkommen. Dabei verlaufen die Grenzen zwischen den Stockwerken nicht überall auf der Erde in denselben Höhen. Sie liegen in den Polargebieten niedriger als in den Tropen. In den mittleren Breiten kommen die Hohen Wolken in Höhen von 5–13 km, die Mittelhohen Wolken in 2–7 km und die Tiefen Wolken in 0–2 km über dem Erdboden vor. Daneben gibt es noch Wolken mit großer vertikaler Erstreckung, eine Familie, die sich um die Stockwerksgliederung nicht kümmert und alle Etagen zwischen 0 und 13 km Höhe bewohnt.

Cirrus
Der Cirrus, die Hohe Federwolke (hier *Cirrus vertebratus*), kommt mit seinen Verwandten Cirrocumulus (Hohe Schäfchenwolke) und Cirrostratus (Hohe Schleierwolke) ausschließlich im obersten Wolkenstockwerk vor.

Altocumulus
Der hellgraue Altocumulus, die Grobe Schäfchenwolke (hier *Altocumulus undulatus*), nimmt das mittlere Stockwerk ein. Der verwandte Altostratus, die Mittelhohe Schichtwolke, bedeckt den Himmel oft als geschlossene graue Schicht, die kaum die Sonne durchlässt.

Stratocumulus
Der weißliche bis graue, in Ballen oder Schollen gegliederte Stratocumulus (die Haufenschichtwolke) gehört zu den tiefen Wolken. Im untersten Wolkenstockwerk kommt auch der Stratus (die Niedrige Schichtwolke) vor. In seine graue Masse ragen manchmal die Berggipfel hinein.

Bewölkungsgrad

Die grobe Einteilung in vier Wolkenfamilien, die sich zum Teil mit der Gliederung nach der Art der Wolkenbestandteile in Eiswolken, Wasserwolken sowie Mischwolken deckt, wird durch 10 Gattungen, 14 Arten, 9 Unterarten und 9 Sonderformen verfeinert. Das Ganze bildet schließlich ein ausgeklügeltes Ordnungssystem, in dem jede Wolke ihren Platz findet, auch wenn dafür manchmal Bezeichnungen wie *Altocumulus stratiformis undulatus radiatus translucidus perlucidus* notwendig sind, die beim Laien tiefe Ratlosigkeit hinterlassen.

Das Identifizieren einer Wolkensippe ist zwar bei Prognosen nützlich (S. 66), für den Alltagsgebrauch reichen jedoch Hinweise auf den Flächenanteil aus, den die Wolken am Himmel bedecken, den Bewölkungs- oder Bedeckungsgrad. Er wird in Achteln (bzw. Zehnteln) geschätzt und häufig in Wettervorhersagen genannt. Ein „bedeckter" Himmel ist demnach ganz von Wolken verhüllt, „wolkig" bezeichnet einen Bewölkungsgrad, bei dem $^4/_8$–$^6/_8$ des Himmels mit tiefen und/oder mittelhohen Wolken bedeckt sind, und bei „heiter" beträgt der Bedeckungsgrad weniger als $^4/_8$.

Cumulonimbus
Zu den Wolkengattungen, die sich vom unteren bis ins höchste Wolkenstockwerk erstrecken können, gehört der Nimbostratus (die Regenschichtwolke oder „Schlechtwetterwolke"). Seltener regnet es aus dem Cumulus, der Haufen- oder Quellwolke, während aus dem turmartigen Cumulonimbus (links), der Gewitter- und Schauerwolke, meist kräftige Schauer fallen.

Beste Sicht – schlechtes Wetter angesagt
Heller, milchig-weißer Dunst mit mittleren Sichtweiten ist ein gutes Omen. Lösen sich die Dunstschichten dagegen auf und nimmt die Sichtweite rasch auf zum Teil mehr als 50 km zu, sodass die Umrisse von sehr weit entfernten Bergen bläulich erscheinen, dann steht höchstwahrscheinlich eine baldige Wetterverschlechterung bevor.

Dunst und Nebel

Die flüssigen und festen Teilchen, die in den bodennahen Luftschichten schweben, sind wesentlich größer als die Luftmoleküle, denen der Himmel seine blaue Farbe verdankt (S. 29). An den größeren Teilchen werden alle Wellenlängen des sichtbaren Lichts gleichmäßig gestreut – feuchter Dunst, der überwiegend aus Wassertröpfchen besteht, sieht daher milchig-weiß aus. Kommen beim trockenen Dunst sehr viele feste Partikel hinzu, dann erhält er einen gelblichen bis bräunlichen Farbton, ebenso wie stark mit Verunreinigungen belasteter Nebel.

Die Grenze zwischen Dunst und Nebel wird nach der Sichtweite gezogen.Bei Nebel, der im Prinzip nichts anderes als eine Wolke ist, die den Erdboden berührt, reicht die Sicht weniger als 1 km weit, im Extremfall kann sie auf 0 m zurückgehen. Nach der Entstehungsweise unterscheidet man drei Nebeltypen mit etwa einem halben Dutzend verschiedener Nebelarten. **Abkühlungsnebel** bildet sich, wenn durch verstärkte Wärmeausstrahlung der Temperaturpunkt, an dem sich der in der Luft enthaltene Wasserdampf in Nebeltröpfchen umwandelt, unterschritten wird (Strahlungsnebel), oder wenn vom Wind herangeführte feuchtwarme Luftmassen am kalten Erdboden oder über kühleren Gewässern abgekühlt werden (Advektionsnebel). **Verdunstungsnebel** entsteht dagegen bei gleich bleibender Temperatur durch die Zufuhr von Feuchtigkeit über relativ warmen Wasserflächen. Beim **Mischungsnebel** schließlich kühlen sich die bodennahen Luftschichten ab und erhalten infolge von Verdunstung zusätzlichen Wasserdampf zugeführt; dies geschieht im Bereich von Wetterfronten, an denen sich feuchtwarme und kalte Luftmassen vermischen – daher der Name.

„Steigt Nebel empor, steht Regen bevor"
Dieser morgendliche Strahlungsnebel wird sich im Lauf des Vormittags auflösen. Nicht selten steigen aber die von den Sonnenstrahlen erwärmten Luftmassen schon in den Morgenstunden auf und reißen dabei einzelne Nebelfetzen mit in die Höhe – ein Vorbote für kommende Regenfälle.

Nebelnester

Die Verbreitung von Nebel ist so unterschiedlich wie seine Entstehungsweise. Er kommt sowohl in moorigen Niederungen als auch auf hohen Bergen wie dem Brocken im Harz überdurchschnittlich häufig vor, aber die Wüste Namib ist genauso ein typisches Nebelnest wie die Gewässer vor Neufundland, wo im Jahresdurchschnitt mindestens 120 Nebeltage verzeichnet werden. Nebel gehört zum freundlichen Altweibersommer ebenso wie zum tristen Weihnachtstauwetter, das mit dem Advektionsnebel eine besonders dauerhafte Variante des Nebels bringt.

Für bessere Sicht

13. März 2003: Auf der Autobahn Venedig-Triest rasen am Morgen bei dichtem Nebel innerhalb weniger Minuten über 250 Autos ineinander, 14 Menschen sterben in den Wracks, mindestens 80 werden verletzt. An Nebeltagen kommen solche Massenkarambolagen auf den Straßen immer wieder vor, ebenso wie Schiffe und Flugzeuge bei schlechter Sicht trotz modernster elektronischer Augen miteinander kollidieren oder auf den Erdboden prallen. Die Verhinderung bzw. Auflösung von Nebel auf dem gesamten Straßennetz ist aus Kostengründen illusorisch, auf einzelnen Airports wird zumindest versucht, die gefährliche „Nebelsuppe" mit verschiedenen Verfahren fernzuhalten oder zu vertreiben.

Eine Methode besteht darin, die Temperatur der bodennahen Luftschichten über dem Wert zu halten, an dem sich der Wasserdampf in schwebende Wassertröpfchen (oder Eiskristalle) verwandelt. Pistenheizung ist nur in Ausnahmefällen möglich, machmal genügen die heißen Triebwerksabgase, um die Temperatur über der kritischen Schwelle zu halten oder bereits vorhandenen Nebel wieder aufzulösen. Beim zweiten Weg wird versucht, die Wassertröpfchen, die die Sicht beeinträchtigen, aus der Luft zu entfernen. Dabei streut man z.B. Kohlensäureschnee aus, der verdunstet und der Luft Wärme entzieht. Die entstehenden Eispartikel verbinden sich zu Schneekristallen und fallen zur Erde. Stoffe, die die Oberflächenspannung des Wassers herabsetzen, schließen die Nebeltröpfchen zu größeren Tropfen zusammen, und der folgende Regen klärt dann die Luft.

Wolkenbruch
Steht die Sonne im Zenit, erwärmt sich die Erdoberfläche am stärksten. Feuchtwarme Luftmassen steigen auf und aus mächtigen Wolken schüttet es kurz, aber gewaltig – typisch für die Tropen.

Regen

Niederschlag in flüssiger Form, ob nun als Landregen aus großen Tropfen oder feintropfiger Sprüh- und Nieselregen, als mitunter tagelanger Dauerregen oder kurzer, kräftiger Regenschauer, als Schnee- oder Eisregen, der in bodennahen Luftschichten gefriert, oder als Starkregen, der in 5 Minuten mehr als 5 Liter Wasser auf jeden Quadratmeter Boden schüttet, ist fast überall auf der Erde ein vertrautes meteorologisches Phänomen – und in den regnerischsten Ecken, wo es im Durchschnitt an neun von zehn Tagen regnet, ein beinahe alltägliches.

Die größten Regenmengen gehen in den Zonen um den Äquator sowie in den höheren Gebirgen des Westwindgürtels nieder. Dieses Verbreitungsmuster spricht dafür, dass im Wesentlichen zwei Vorgänge für Regen sorgen: **Konvektion**, vertikale Strömungen also, die wie in den Tropen feucht-warme Luft vom erhitzten Erdboden in höhere, kühlere Stockwerke verfrachten, und **Advektion**, annähernd horizontale Strömungen, die wie die Westwinde wasserdampfreiche, warme und kalte Luftmassen um den Erdball treiben, dabei verwirbeln sowie über- und untereinander und gegen höhere Gebirgsbarrieren treiben. In beiden Fällen kommt es zur Kondensation bzw. Sublimation (S. 43) und damit zur Bildung von Wolken.

Niederschlagshöhe
Die Menge des Niederschlags, die in einer bestimmten Zeit fällt, wird in **Millimetern** (oder Inch), gemessen. Die Millimeterzahl gibt dabei die Dicke der Wasserschicht an, die sich auf dem Boden ansammeln würde, wenn das Wasser weder ablaufen noch verdunsten oder versickern könnte.
1 mm Niederschlag entspricht 1 Liter pro Quadratmeter.

Wolken und Regen

„Nicht jede Wolke bringt ein Unwetter hervor“ heißt es in Shakespeares „King Henry VI” – ebenso wenig fällt aus jeder Wolke Regen oder Schnee. Der Weg vom Wolkentröpfchen, das meist nur einen Durchmesser von etwa 0,01 mm aufweist, bis zum Regentropfen, der mindestens 0,5 mm groß und damit schwer genug ist, um gegen den Luftwiderstand und die Aufwinde abwärts zu fallen, ist weit, kompliziert und im Detail noch ungeklärt.

Geimpfte Wolken
Die Wolken, die zeitweise am Himmel über den Trockengebieten auftauchen, enthalten viele Millionen Tonnen Wasser. Trotzdem regnet es dort nur selten, weil die in der Luft schwebenden Wolkentröpfchen kaum je zu größeren Tropfen heranwachsen, die als Regen zum Erdboden fallen. Um den Wassermangel zu mildern, werden deshalb schon seit über 50 Jahren Versuche unternommen, künstlichen Regen zu erzeugen.

Das Wachstum von Wolkentröpfchen zu Regentropfen läuft wahrscheinlich über Eiskristalle am wirkungsvollsten ab. Eiskristalle fehlen in Trockengebieten jedoch häufig, weil die Luft in der Höhe zu wenig Gefrierkerne enthält. Deshalb hilft man der Natur ein wenig nach und „impft“ die Wolken, indem man ihnen von Flugzeugen, Raketen oder vom Erdboden aus künstlich fein verteiltes Salz oder Trockeneis zuführt.

Um einen Regentropfen mittlerer Größe zu erzeugen, müssen sich ungefähr 1 Million Wolkentröpfchen zusammenschließen. Dass in den Wolken die größeren und schneller fallenden Tröpfchen auf ihrem Weg nach unten mit kleineren zusammenstoßen, sich diese einverleiben und so zu Regentropfen heranwachsen, trifft wohl nur auf die sehr warme und feuchte Luft der Tropen zu. Im Allgemeinen spielen winzige Eiskristalle in den obersten Wolkenstockwerken die Hauptrolle: Sie setzen an ihrer Oberfläche verstärkt Wasserdampf ab, dadurch wird die Luft in der Umgebung trockener, benachbarte Wolkentröpfchen verdunsten und liefern so den Wasserdampf, der sich wiederum auf den Eiskristallen absetzt. Diese werden immer größer und schwerer, bis sie den Weg zur Erdoberfläche antreten können. In den unteren Luftschichten schmelzen die Eispartikel dann und treffen als Regentropfen auf die Erde. Liegt die Lufttemperatur unter dem Gefrierpunkt, fallen sie als Schnee.

Stau in der Luft
Hohe Gebirge oder einzelne Berge, wie der rund 3700 m hohe Pico del Teide auf Teneriffa (unten), stellen sich den vom Wind herangeführten Luftmassen in den Weg und zwingen sie zum Aufstieg in höhere, kühlere Schichten. Dort bilden sich Wolken und es kommt zum Stau- oder Steigungsregen, der hier im feuchtesten Stockwerk pro Jahr mindestens doppelt so ergiebig ist wie der Regen in den tieferen Lagen.

Gespeichertes Nass
Ohne den Schnee, der in den Hochgebirgen fällt und meist erst in der warmen Jahreszeit schmilzt, wäre die Landnutzung in vielen Gebirgsvorländern unmöglich.

Schnee, Graupel und Griesel

Schnee, die häufigste Form des festen Niederschlags, fällt auf rund 80 % der Landflächen, teils als Ausnahmeerscheinung in sehr kalten Wintern, teils regelmäßig und mitunter in allen Jahreszeiten. Die ergiebigsten Schneefälle gehen bei Temperaturen knapp unter 0 °C und in Gegenden der Erde nieder, die man noch zur kühlgemäßigten Klimazone zählt. Bei mäßiger Kälte verhaken und verkleben sich die meist sechsstrahligen Schneesterne durch unterkühlte Wassertröpfchen miteinander und bilden manchmal mehrere Zentimeter große Schneeflocken, bei strengem Frost rieseln einzelne Schneeplättchen, -nadeln und -sterne vom Himmel.

Der Lebenslauf eines Schneekristalls beginnt mit dem Gefrieren von unterkühltem Wasser an einem Eiskern. Je nach Art dieses in der Luft schwebenden festen und/oder flüssigen Partikels sowie der Luftfeuchtigkeit und -temperatur entwickeln sich die unterschiedlichsten Kristallformen. Sobald die Schneekristalle groß und schwer genug sind, fallen sie zur Erde, werden aber auch von Luftströmungen wieder emporgetragen. Sie passieren dabei die Wolkenstockwerke, wachsen weiter oder schmelzen an und verdunsten. Jeder Schneekristall, der schließlich die Erdoberfläche erreicht, ist daher ein Unikat und zugleich ein kleines,

Büßerschnee
In der trockenen Luft subtropischer und tropischer Hochgebirge verwandeln sich die Schneedecken bei intensiver Sonneneinstrahlung oft in ein Gewirr bizarrer Abschmelzformen. Die Schneezacken erinnern an Büßergewänder und werden deshalb als Büßerschnee oder Zackenfirn bezeichnet.

von der Natur geschaffenes Kunstwerk.

Etwas unscheinbarer sind die etwa reiskorn- bis erbsengroßen Körner aus zusammengeballten weißen Schneekristallen und/oder glasigem Eis. Diese als Graupel, Griesel oder Eiskörner bezeichneten Bällchen fallen oftmals gemeinsam mit Schneeflocken und zwar vor allem aus Gewitter- und Schauerwolken. Manche sind halbdurchsichtig, relativ hart und springen deshalb beim Aufprall auf den Erdboden auf. Sie leiten von ihrer Entstehungsweise her zum Hagel (S. 140) über, dem größten und weitaus gefährlichsten Kaliber des festen Niederschlags.

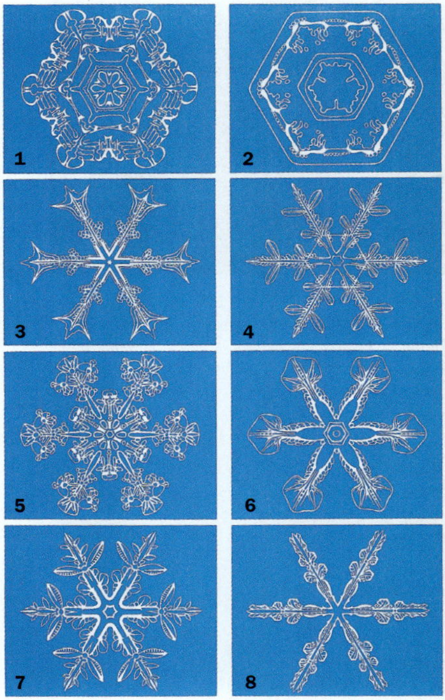

Filigrane Schönheiten
Die Eiskristalle in der Atmosphäre haben die verschiedensten Fomen: von einfachen Plättchen und Säulen bis zu filigranen Eiskristallen mit sechs Armen. Diese typischen Schneesterne bilden sich hauptsächlich bei Temperaturen zwischen -12 und -16 °C.

Schneemetamorphose
An Stellen, die dem Wind ausgesetzt sind, wird lockerer Pulverschnee durch den Winddruck zusammengepresst, bei starker Sonneneinstrahlung taut die Schneeoberfläche tagsüber an und gefriert dann nachts zum glänzenden Harsch; und wenn eine dicke Schneedecke mehrere Sommer überdauert, kann sich der überwiegend aus sternförmigen Eiskristallen zusammengesetzte Schnee zunächst in körnigen Firn und irgendwann in festes Gletschereis umwandeln, so wie lockerer Dünensand in Jahrmillionen zum harten Quarzitfels wird.

Druck, der Transport von Wasser innerhalb der Schneedecke (entweder in flüssiger Form oder als Wasserdampf) und die Temperatur wirken bei der Umwandlung von Schnee in Eis zusammen. Dabei verläuft die Schneemetamorphose bei wechselnden Temperaturen um den Gefrierpunkt besonders zügig. Der rasche Wechsel von Antauen und Wiedergefrieren führt gerade in den Hochgebirgen der Tropen und Subtropen dazu, dass sich selbst steilste Felswände mit dicken Eispanzern überziehen. In kalten Klimazonen mit weniger häufigem Frostwechsel verfestigt sich der Schnee dagegen nicht so schnell und rutscht deshalb früher oder später von den Bergflanken.

Preziöse Wasserspender
Für die Spinne sind die Tauperlen, die sich in einer klaren Nacht auf ihrem Netz abgesetzt haben, ärgerlich. Unter ihrer Last könnte das Netz zerreißen. Für Pflanzen bedeutet Tau jedoch eine zusätzliche Wasserquelle, besonders für die Flora der Trockengebiete, wo der Tau unter Umständen 100–200 Liter kostbares Wasser pro Quadratmeter und Jahr liefern kann. In manchen Wüsten der Erde ist die spärliche Vegetation fast ganz auf den Taufall angewiesen.

Tau

Nasse Füße kann man sich nicht nur bei Regenwetter holen. Vor allem nach klaren, aber frostfreien Nächten sind Gräser und andere Pflanzen am Morgen so dicht mit Tautropfen besetzt, dass das Schuhwerk bereits nach einem kurzen Spaziergang auf Graswegen oder Wiesen durchnässt ist. Bei wolkenlosem oder -armem Himmel kühlen sich der Erdboden und die bodennahen Luftschichten durch Wärmeausstrahlung rasch ab. Sobald der Taupunkt (S. 43) erreicht ist, kondensiert der Wasserdampf in Form von kleinen Wassertröpfchen an Gegenständen der Erdoberfläche.

Der auf diese Weise entstandene **Strahlungstau** gehört zum Frühherbst, insbesondere zum Altweibersommer, so wie die Spinnennetze, auf denen er sich dann häufig absetzt. Die Luft ist in dieser Zeit meist noch relativ warm und enthält viel Wasserdampf, kühlt sich nachts jedoch deutlich ab. **Advektionstau** ist dagegen eher eine Erscheinung der kalten Jahreszeit. Er entsteht, wenn z.B. in einer Tauwetterperiode feuchtwarme Luft über noch kalte Oberflächen streicht und sich dadurch bis zum Taupunkt abkühlt.

„Eisige" Gegenstücke zu diesen beiden Formen des Taus sind der **Strahlungsreif** und der **Advektionsreif**, kristalline Eisablagerungen, die dadurch entstehen, dass sich der Wasserdampf bei Temperaturen unter dem Gefrierpunkt direkt als Eis an der Erdoberfläche absetzt, etwa auf Straßen. Mit Reifglätte muss man

Eisfreie Autoscheiben
Vereiste Scheiben und Spiegel nach einer frostigen Nacht sind nicht nur lästig, sondern auch gefährlich. Wer nur ein kleines Guckloch in die Reifschicht kratzt und dann losfährt, macht sich strafbar. Unter den vielen Tipps und Tricks für klare Sicht ist auch ein meteorologischer: Möglichst nahe unter einem Baum, dicht an einer Hauswand oder Hecke parken. So besteht die Chance, etwas von der Gegenstrahlung (S. 23) der Objekte abzubekommen und die Temperatur vielleicht über dem Punkt zu halten, bei dem sich Reif niederschlägt.

hauptsächlich im Februar/März rechnen. Die Luft ist dann oft schon recht warm und wasserdampfreich, der Erdboden aber häufig noch gefroren.

Bizarre Geschöpfe aus Eis
In einer klaren, sehr kalten Nacht hat sich Wasserdampf an verwelkten Blättern niedergeschlagen, die auf der Eisdecke eines zugefrorenen Teichs verstreut liegen. Typisch für diese Art des Reifs sind die filigranen nadel- bis federförmigen Eisgebilde. Strahlungsreif bildet sich häufig auch an der Oberfläche von Schneedecken, die als wirksame Dämmschichten den Wärmestrom aus dem Erdboden bremsen und so die Temperaturen weit unter den Taupunkt sinken lassen.

Nebelfrost

Nebelfrost umfasst im Wesentlichen drei Formen von Eisablagerungen: **Rauhreif**, der von der Farbe und Struktur an Zuckerwatte erinnert, **Rauheis**, das z.B. von Zweigen fahnenartig in eine bestimmte Himmelsrichtung weist, und das glasklare **Klareis**. Alle drei gehen hauptsächlich aus unterkühlten Nebeltröpfchen hervor, die vom Wind gegen Objekte der Erdoberfläche getrieben werden und an ihnen festfrieren. Bei günstigen Bedingungen erreichen Nebelfrostablagerungen eine Dicke von Dezimetern, im Extremfall von Metern. Günstig ist dies freilich nur für den Zuschauer, der sich an der weiß überzuckerten Winterlandschaft und den bizarren Eisgebilden erfreut. Für die Objekte, an denen sich der Nebelfrost festsetzt, ist er jedoch eine schwere Last. Hochspannungsleitungen können durch Eisbesatz um 10–30 kg pro laufenden Meter belastet werden, vielfach zerreißen sie. Noch schlimmer leiden Bäume unter dem „Duft“, wie die Forstleute die Eislasten nennen. Sie knicken um, verlieren Äste und Wipfel. In den Gipfellagen der Mittelgebirge, die sich häufig in Nebelschwaden hüllen, sind vom „Duftbruch“ gezeichnete Bäume keine Seltenheit.

Klarer Nebelfrost
Klareis entsteht bei Lufttemperaturen zwischen 0 und -3 °C, wenn unterkühlte Nebeltröpfchen auf Gegenstände treffen und an ihnen festfrieren.

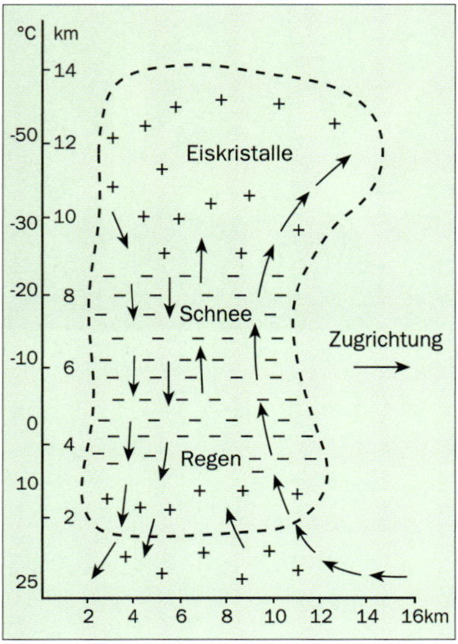

Geladene Wolken
In Gewitterwolken gibt es immer unterschiedliche elektrische Felder, zwischen denen es zu Funkenüberschlägen zum Ausgleich der enormen Spannungen kommt. Die oberen Wolkenstockwerke, wo in unseren Breiten Temperaturen zwischen -5 und -40 °C herrschen, weisen in der Regel eine positive Ladung auf. In den mittleren Wolkenteilen mit Temperaturen zwischen 0 und -5°C findet sich meist die größte negative Ladungssammlung. Oft sind nahe der Wolkenbasis kleinere Felder mit positiver Ladung eingelagert, denen die meist negativ geladene Erdoberfläche gegenübersteht.

Luftelektrizität

Innerhalb der Erdatmosphäre und an der Erdoberfläche entstehen und vergehen tagtäglich elektrische Felder entgegengesetzter Ladung, ohne dass der Mensch davon etwas bemerkt. Dafür setzt sich die atmosphärische Elektrizität bei Gewittern für das menschliche Auge und Ohr umso beeindruckender durch Blitze in Szene, Funkenüberschlägen zwischen den positiv und negativ geladenen Feldern. Sie entladen sich im Unterschied zur täglichen Schönwetterelektrizität nur bei bestimmten Wetterlagen, die die Entwicklung von Gewitter- und Schauerwolken begünstigen. Als Wolkenblitze in und zwischen kilometerhohen Wolkentürmen oder auch als Erd-(bzw. See-)blitze zucken sie aus den Wolken zum Erdboden (bzw. zu den Wasserflächen) hinab.

Wie es zur Ladungstrennung und zum Aufbau verschiedenpoliger Felder in Gewitterwolken kommt, ist im Detail noch ungeklärt. Entscheidend scheinen drei Faktoren zu sein: Gewitterwolken erstrecken sich über einen weiten Höhen- und Temperaturbereich; Wasser kommt in ihnen in Form von Eiskristallen, unterkühlten Wassertröpfchen und Regentropfen mit Temperaturen über dem Gefrierpunkt vor; in diesen Wolken zirkuliert die Luft besonders intensiv, Aufwinde mit Geschwindigkeiten von mehr als 100 km sind keine Seltenheit. Theoretisch kann es dann durch eine ganze Reihe von Vorgängen zu Ladungstrennungen kommen, etwa beim Gefrieren von unterkühlten Wassertröpfchen, wobei die Eispartikel positiv, Tröpfchen aus flüssigem Restwasser dagegen negativ geladen sind. Eiskristalle können in Teilchen entgegengesetzter Ladung zerbrechen, Regentropfen sich beim Fall elektrisch aufladen und, wenn die Fallgeschwindigkeit und der Luftwiderstand zu groß werden, zerplatzen. Und die starken Luftströmungen sorgen dafür, dass die verschiedenpoligen Ladungsträger auch räumlich in verschiedene Wolkenstockwerke getrennt werden.

Gewitter

Um sich vor Blitzschlag zu schützen, ist es hilfreich zu wissen, wo und bei welchen Wetterlagen sich am häufigsten Gewitterwolken entwickeln. Geographisch gesehen lauern die größten Gefahren in den äquatorialen Zonen, wo es im Durchschnitt mehrfach an jedem zweiten Tag blitzt und donnert. Dagegen zählt man in Mitteleuropa pro Jahr nur zwischen 15 (an der Küste) und 35 Gewittertage (über Alpen und Alpenrand). Meteorologisch gesehen sind bei uns vor allem zwei Wetterlagen gewitterträchtig: schwül-heißes Wetter mit starker Sonneneinstrahlung am Erdboden (Wärmegewitter) und Wetterlagen, bei denen sich kühlere Luft entlang einer Kaltfront unter feucht-warme Luftmassen schiebt (Frontgewitter). In beiden Fällen wird die Schichtung der unteren Atmosphäre labil, die wasserdampfreiche Luft steigt rasch auf und lässt eine harmlose Haufenwolke oft in 1–2 Stunden zur mächtigen Gewitterwolke aufquellen. Hochgebirge sind ausgesprochene Gewitternester, weil dort der Aufstieg der Luft noch mechanisch verstärkt wird, indem die vom Wind gegen die Gebirgskämme getriebenen Luftmassen an dem Hindernis emporgleiten.

Donnerschlag

Die Ströme, die durch die Entladungsbahnen fließen, erhitzen die Luft blitzartig auf extrem hohe Temperaturen – bis zu 28 000 °C, die höchste Temperatur, die unter natürlichen Verhältnissen auf der Erde vorkommt. Die Luft dehnt sich dabei aus und entsendet eine Schockwelle, die nahe dem Einschlagsort einen lauten Knall, den Donnerschlag, verursacht. Da Schallwellen in der Luft in 3 Sekunden etwa 1 km zurücklegen, ist die Entfernung von Blitzen in km grob zu ermitteln, indem man die Zahl der zwischen Blitz und Donner vergangenen Sekunden durch 3 teilt.

„Eichen sollst Du weichen, Buchen sollst Du suchen!“
Unter den verschiedenen Tipps zum Verhalten bei Gewittern (S. 129) ist die bekannteste Regel auch die unsinnigste. Jeder Baum bildet den gleichen Anziehungspunkt für Erdblitze, nur hinterlassen diese an der Rinde der Eiche deutlichere Spuren als an Buchenrinde.

Mindestens 1500 Gewitter entladen sich in jeder Sekunde rund um den Erdball, an jedem Tag zucken an die 8 Millionen Blitze über den Himmel, doch nur etwa ein Fünftel davon trifft die Erdoberfläche und lediglich ungefähr ein Zehntel aller Gewitter entwickeln sich zu Unwettern.

Bauernregeln

„Wie wird das Wetter?“ ist eine Frage, die sich seit jeher nicht nur die Bauern stellen. Sie gehören freilich zu einer Berufsgruppe, die vom Wetter und der Witterung besonders abhängig ist, und haben daher im Lauf von Jahrhunderten durch die einfache Beobachtung des Himmels und der gesamten Natur, ohne ausgeklügelte Messinstrumente und wissenschaftlichen Unterbau, zahlreiche Regeln zur kurz- bis langfristigen Wettervorhersage abgeleitet. Diese meist gereimten „Bauernregeln“ scheinen zwar nicht recht in eine Zeit zu passen, in der Hochleistungsrechner die alte Frage zu beantworten versuchen – doch zeichnen sie sich durch eine bemerkenswerte Treffergenauigkeit aus.

Der Meteorologe Horst Malberg hat sich aus wissenschaftlicher Sicht sehr eingehend mit diesen „Bauernregeln“ beschäftigt. Eine kleine Auswahl der von ihm mit statistischen Verfahren untersuchten und auf den wahren meteorologischen Kern überprüften Regeln ist rechts zu finden. Sie berücksichtigt allerdings nur drei Arten von „Bauerregeln“: zunächst die Ernteregeln, die meist aus der Witterungslage in einem bestimmten Monat gute oder schlechte Ernten prognostizieren; dann die kalendergebundenen Klimaregeln, die Aufschluss geben, wie im Allgemeinen das Wetter bei uns in einem bestimmten Monat verläuft; und schließlich die Witterungsregeln, die häufig aus dem Wettercharakter an einem bestimmten Tag, dem so genannten Lostag, Rückschlüsse auf die Witterung in den folgenden Wochen ziehen. Unerwähnt bleiben hier die eigentlichen (sehr zahlreichen) Wetterregeln, die etwas über die in den nächsten Stunden zu erwartende Wetterentwicklung aussagen (S. 66).

Moazagotl-Wolken
Jede Kultur hatte ihre Wetterpropheten, Wetterschamanen und Wettergurus, die für ihre Vorhersagen die Natur deuteten. Im Riesengebirge soll einst ein Schäfer namens Gottlieb Matz (in der regionalen Mundart „Moazagotl“) Prognosen von bemerkenswerter Treffsicherheit geliefert haben. Die UFO-ähnlichen Wolken sind nach ihm benannt.

Der Hundertjährige Kalender

Dieses Anfang des 18. Jahrhunderts erstmals gedruckte Werk ist der Bestseller unter den Wetterbüchern. Es beruht auf den Wetteraufzeichnungen, die der Abt des Klosters im fränkischen Langheim, Moritz Knauer, von 1652–1659 durchführte. Nach diesen sieben Jahren stellte Knauer seine Beobachtungen ein, denn er war der festen Überzeugung, dass sieben „Planeten" (zu denen er übrigens auch die Sonne und den Mond zählte) das Wetter in einem 7-jährigen Zyklus bestimmten. Saturnjahre sollten beispielsweise stets kalt und feucht, Jupiterjahre dagegen ziemlich warm und trocken sein. Seine These trifft jedoch nachweislich nicht zu, und der zuerst für den Zeitraum von 1701–1801 veröffentlichte „Hundertjährige Kalender" ist für die langfristige Wettervorhersage völlig wertlos.

Wetterdistel
Manche Lebewesen reagieren sehr empfindlich auf Änderungen des Wetters. Die „Wetterdistel" (Silberdistel oder Eberwurz) schließt bei feuchtem Wetter ihre Blüten, da die Blütenblätter an der Unterseite Feuchtigkeit aufnehmen und dadurch quellen.

Ernteregeln

Lässt der März sich trocken an, / bringt er Brot für jedermann.

Juli kühl und nass, / leere Scheuer, leeres Fass.

Bringt der Oktober viel Regen, / ist's für die Felder ein Segen.

Dezember kalt mit Schnee, / gibt Korn in jeder Höh'.

Kalendergebundene Klimaregeln

Werden die Tage länger, / wird der Winter strenger.

April ist ein launischer Gesell / bald ist er trüb, bald ist er hell.

Mai in der Mitte / hat für den Winter stets noch eine Hütte.

Um St. Ann / fangen die kühlen Morgen an.

Simon und Juda, die zwei, / bringen oft den ersten Schnee herbei.

Kommt die heil'ge Lucia, / findet sie schon Kälte da.

Witterungsregeln

Ist bis Dreikönigstag kein Winter, / so kommt auch keiner mehr dahinter.

Sonnt sich der Dachs in der Lichtmesswoche, / bleibt er 4 Wochen noch im Loche.

Nordwind im Mai / bringt Trockenheit herbei.

Ist Siebenbrüder ein Regentag, / so regnet's noch 7 Wochen danach.

Ist der September lind, / wird der Winter ein Kind.

Oktober kalt (rau) – Januar warm (flau)

Friert im November zeitig das Wasser, / wird's im Januar um so nasser.

Wie der Dezember, so der Lenz.

Messinstrumente

Das Instrumentarium der modernen Meteorologie ist recht umfangreich. Es umfasst mehrere Hundert verschiedene Geräte für zahlreiche Messverfahren, die den Zustand der Atmosphäre vor Ort, in direktem Kontakt mit der Luft, bestimmen. Hinzu kommen Methoden zur atmosphärischen Fernerkundung, bei denen etwa das **Lidar** eingesetzt wird, dem selbst kleinste Staubpartikel in den Luftschichten nicht entgehen, oder auch das **Radar**, das unter anderem bei der Niederschlagsmessung und der Bestimmung von Höhenwinden wertvolle Dienste leistet. Hier können nur vier klassische Instrumente kurz beschrieben werden.

Das bekannteste Thermometer (griech. *thermós* = warm, *métron* = Maß) ist das **Flüssigkeitsthermometer**. Sein Messprinzip beruht auf der temperaturabhängigen Ausdehnung flüssiger Substanzen, in diesem Fall meist Quecksilber und verschiedene Alkohole. Da Quecksilber bei -39 °C in den festen Zustand übergeht, nimmt die Genauigkeit von Quecksilberthermometern unterhalb von -30 °C rasch ab. Der optimale Messbereich von Alkoholthermometern liegt zwischen +40 °C und -40 °C.

Hygrometer dienen zur Bestimmung der Luftfeuchte (griech. *hygrós* = feucht). In der klassischen Variante

Die Wetterhütte
Kernstück jeder Wetterwarte ist die Wetterhütte: ein weiß gestrichener Kasten, der in 2 m Höhe über dem Erdboden auf einem Gestell steht. In ihm werden Thermometer, Hygrometer und andere empfindliche Geräte untergebracht. Die Wetterhütte schützt diese Geräte vor störenden Strahlungseinflüssen und Niederschlag, gewährleistet aber auch eine ungestörte Zirkulation der Luft und deren Kontakt mit den Messinstrumenten. Wände und Türen bestehen deshalb aus Holzjalousien, durch die der Wind frei streichen kann.

Strahlungsschutz im Eigenbau
Was nützt die größte Genauigkeit bis auf eine Stelle hinter dem Komma, wenn die gemessenen Werte der Lufttemperatur von vornherein durch die Sonnenstrahlung verfälscht werden? Der bestmögliche Strahlungsschutz in Form einer Wetterhütte ist für den Wetteramateur meist unbezahlbar, und nicht jeder besitzt das handwerkliche Geschick, sich nach Bauplan ein solches Behältnis für das Thermometer, das Hygrometer oder den elektronischen Temperaturfühler zu zimmern. Es geht für bescheidenere Ansprüche allerdings auch einfacher und billiger: Zwei weiße Plastikeimer unterschiedlicher Größe (z.B. für 5 und 10 Liter) werden ineinandergestellt und der Zwischenraum mit einem handelsüblichen Montageschaum ausgeschäumt. Sobald der Schaum fest ist, bohrt man einige Löcher zur Belüftung in die miteinander verbundenen Eimer und hängt sie mit der Öffnung nach unten an den für die Messung optimalen Platz. Jetzt fehlen nur noch das Thermometer bzw. der Temperaturfühler, die im Innern der zum Strahlungsschutz umfunktionierten Eimer angebracht werden.

enthalten sie menschliche Haare, die durch Quellung und Schrumpfung auf Schwankungen des Wasserdampfgehalts der Luft reagieren. Die Messfehler von Haarhygrometern liegen in der Größenordnung von 3–5 % relativer Feuchte.

Zur Messung des Luftdrucks wird das **Barometer** (griech. *báros* = Druck) eingesetzt, im Allgemeinen das so genannte Dosen- oder Aneroidbarometer. Es enthält eine weitgehend luftleere Blechdose, die sich mit dem wechselnden Luftdruck verformt. Die Formveränderungen werden über einen Hebel auf einen Zeiger übertragen.

Anemometer sind Windmesser (griech. *anémos* = Wind). In der gebräuchlichsten Form, dem Schalenkreuzanometer, gleichen sie Windrädern, bei denen drei oder vier löffelförmige, zu einem Kreuz miteinander verbundene Arme je nach Windgeschwindigkeit mehr oder weniger schnell um eine senkrechte Achse rotieren. Sie arbeiten unabhängig von der Windrichtung, besitzen jedoch eine gewisse Trägheit, das heißt, sie laufen erst ab einer bestimmten Mindestgeschwindigkeit an und behalten ihre Rotationsgeschwindigkeit noch eine Zeit lang bei, nachdem der Wind bereits wieder abgeflaut ist.

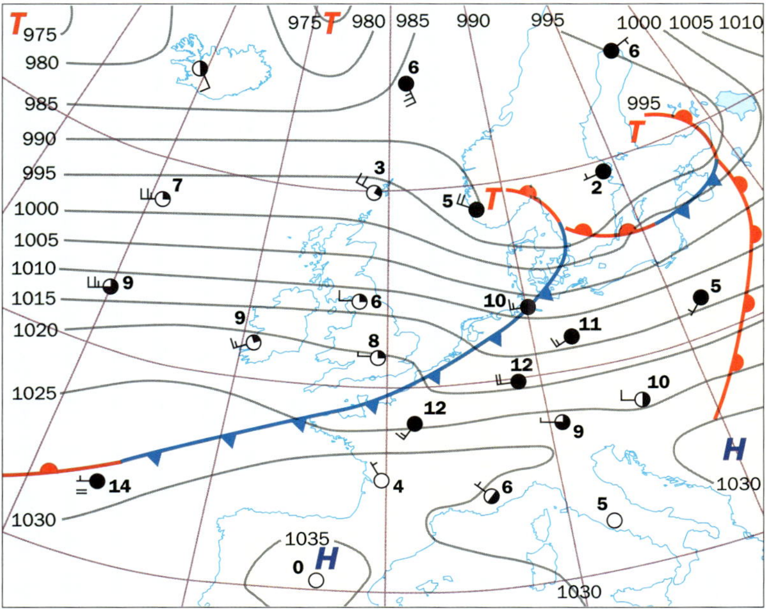

Wettermeldungen

Wetter- und Klimastationen arbeiten rund um die Uhr. Mindestens 4-mal am Tag werden die Wetterelemente gemessen und beobachtet. Wichtig ist, dass dies weltweit gleichzeitig geschieht. Die Termine wurden deshalb nach der *Universal time coordinated* („koordinierte Weltzeit"; abgekürzt: UTC) international verbindlich festgelegt; die vier Haupttermine sind 00, 06, 12 und 18 UTC und entsprechen praktisch den Terminen nach westeuropäischer Zeit (WEZ), die gleichzeitig als Weltzeit gilt.

Jede Station übermittelt die termingerecht gewonnenen Mess- und Beobachtungsdaten in verschlüsselter Form an eine zuständige Zentrale, wo man sie sammelt und auswertet. Hinzu kommt die Datenflut aus dem Weltraum: Ein einziger Wettersatellit kann pro Tag 150 000 Daten an die Bodenstationen übermitteln.

Der Analyse des Zustandes der Atmosphäre an einem festgelegten Termin folgt die Synthese oder, wie die Meteorologen sagen, die Synoptik der Daten (griech. *synopsis* = Übersicht) in einer großräumigen Zusammenschau. Daraus entsteht die synoptische Wetterkarte. Sie zeichnet als Bodenwetterkarte ein Bild vom aktuellen Zustand der Atmosphäre in den bodennahen Luftschichten, gibt als Höhenwetterkarte aber z.B. auch Auskunft über Temperatur und Wind auf einem bestimmten Niveau oberhalb der Erdoberfläche.

Wetterkarten gleichen topographischen Karten. Den Isohypsen (Höhenlinien), die in einer Wanderkarte die Geländeformen darstellen, entsprechen in den Wetterkarten die **Isobaren**.

Die Wetterkarte

Die Isobaren sind Linien, die Orte gleichen Luftdrucks (griech. *isos* = gleich, *báros* = Druck) verbinden. Sie drängen sich im Kartenbild nicht in den Vordergrund, sind jedoch sehr aufschlussreich: Ihr Abstand spiegelt die Luftdruckverteilung über einem bestimmten Teil der Erdoberfläche wider und lässt daher Rückschlüsse zu auf die Geschwindigkeit der Luftströmungen zum Ausgleich der Druckunterschiede zwischen Hoch- und Tiefdruckgebieten. Ein sehr enger Abstand der Isobaren spricht immer für heftigen Wind bis Sturm. Großräumige Winde wehen niemals auf kürzestem Weg vom Hoch zum Tief, sondern folgen wegen der ablenkenden Kraft der Erdrotation (S. 39) spiralförmigen Bahnen. Auf der Nordhalbkugel strömt die Luft z.B. im Uhrzeigersinn um ein Hochdruckgebiet und fließt entgegen dem Uhrzeigersinn in ein Tiefdruckgebiet ein; ihre Bahn gleicht einem Fragezeichen, auf der Südhalbkugel hingegen einem S. Je nach der Lage und der Zugbahn der Druckgebilde über Mitteleuropa ist damit ein Zustrom unterschiedlicher Luftmassen verbunden: Liegt der Kern eines Hochdruckgebiets über Nordeuropa, dann strömt mit Winden aus nordöstlichen Richtungen trocken-kühle Luft aus der Arktis in den Raum zwischen Küste und Alpen ein, während beim Durchzug eines Tiefs über Mitteleuropa und einem kräftigen Hoch über Südeuropa aus Südwesten feucht-warme Luftmassen vom Atlantik herangeführt werden.

Der Wetterfrosch
Gibt es nun Regen, wenn der Laubfrosch in seinem Glas das Leiterchen hinaufklettert, oder steht im Gegenteil schönes Wetter bevor? Beides ist möglich. In der Natur muss sich der Frosch einen höheren Platz am Schilfhalm suchen, wenn es regnet und der Wasserspiegel steigt. Umgekehrt schwärmen aber die Insekten bei sonnigem Wetter in höhere Luftschichten aus, und die Chance, ein Kerbtier zu erbeuten, ist dann oben am Halm größer.

Wetterprognostik heute

Wetterkundler, Volkswirtschaftler und andere Berufsgruppen, die Prognosen wagen, begeben sich zwangsläufig in die Gefahr, heftig kritisiert und verspottet zu werden, falls ihre Vorhersagen nicht eintreffen. Vorsichtige Prognostiker hüten sich darum seit jeher vor zu eindeutigen Aussagen – schon unter den altehrwürdigen Bauernregeln ist die eine oder andere so formuliert, dass sie Zweifel an der Zuverlässigkeit von Wettervorhersagen nährt: „Wenn der Hahn kräht auf dem Mist, / ändert sich das Wetter oder es bleibt so, wie's ist". Der scheinbar beliebigen Aussage zum Trotz enthält dieser Spruch zwei Körnchen Wahrheit: Zum einen gibt es in der Tat Zusammenhänge zwischen dem Wetter und den Aktivitäten des Federviehs auf dem Misthaufen, zum andern wird das Wetter mit hoher Wahrscheinlichkeit (in rund 66 % der Fälle) morgen tatsächlich noch so sein, wie es heute ist, besitzt es doch eine ausgeprägt konservative Tendenz, besonders bei Hochdruckwetterlagen.

Auf der anderen Seite erreicht die Eintreffgenauigkeit von Wettervorhersagen, wenigstens was die Prognosen für die nächsten 1–3 Tage angeht, heute Werte von 80–90 %. Und auch die Mittelfristprognosen (für einen Zeitraum von bis zu zehn Tagen) könnten schon bald ähnlich zuverlässig sein.

Diese hohen Trefferquoten (wovon Börsen-Analysten nur träumen können) haben zwei Hauptursachen: die umfangreiche Wetterdatenerfassung und -übermittlung (und zwar global wie aus aus dem All), sowie die verbesserte Verarbeitung der Datenflut mit leistungsfähigen Rechnern und ausgeklügelten Prognosemodellen. Weltweit rund 10 000 Stationen auf dem festen Boden, dazu einige tausend Schiffe, Flugzeuge, Radiosonden an Ballonen in der Erdatmosphäre, Bojen im Meer und nicht zuletzt die Wettersatelliten beobachten ständig das Wettergeschehen; Computer verarbeiten sämtliche Daten, und Prognosemodelle wie das des Deutschen Wetterdienstes oder des Europäischen Zentrums für mittelfristige Wettervorhersage entwickeln daraus ein Bild der Wetterentwicklung.

Unwetterwarnungen

Für sehr kurze (wenige Stunden) und sehr lange Zeiträume (einige Wochen bis Monate) liefern die bisher angewendeten Verfahren allerdings nur unbefriedigende Ergebnisse. Sehr kurzfristige Prognosen sind problematisch, weil die Auswertung der gesammelten Datenmassen eine gewisse Zeit erfordert und plötzlich auftretende, meist kleinräumige Wetterereignisse gewissermaßen durch die Beobachtungsnetze schlüpfen können. Hier ist die traditionelle Wetterbeobachtung vor Ort oft im Vorteil, gerade wenn es um Wetterlagen geht, die sich zu Unwettern entwickeln könnten. Warnungen vor Gewittern, Starkregen, Stürmen und anderen Unwettern sind für die Wetterdienste eine heikle Aufgabe: Geben sie keine Unwetterwarnung heraus und tritt trotzdem ein lokales Ereignis mit verheerenden Folgen ein, werden sie kritisiert. Umgekehrt führen zu häufige Warnungen dazu, dass man die Hiobsbotschaften nicht mehr ernst nimmt.

Bei den Langfristprognosen verspricht die genauere Kenntnis der **Telekonnektionen** (S. 139) und der regelmäßig eintretenden Witterungsfälle (S. 82) langfristig bessere Ergebnisse als heute.

Prognose-Chinesisch

Was bedeutet die in Wettervorhersagen häufig verwendete Redewendung „heiter bis wolkig"? Oder welche Kältegrade muss man konkret bei „strengem Frost" erwarten? Meist folgen dann zwar noch genauere Zahlen nach, aber mitunter gewinnt der Adressat der Prognose den Eindruck, die Vorhersagen würden bewusst recht „schwammig" formuliert, um Fehlprognosen zu vermeiden. Die Grenz- und Schwellenwerte sind jedoch bei den meisten meteorologischen Elementen von den Wetterdiensten exakt festgelegt.

Ein „leichter Regen" bringt z.B. in 12 Stunden maximal 2 Liter Niederschlag pro Quadratmeter, ein „starker Regen" dagegen über 5 Liter. Bei „leichtem Frost" muss man (in 2 m Höhe über dem Erdboden) mit Temperaturen zwischen -2 und -5 °C rechnen, bei „strengem Frost" aber mit -10 bis -15 °C. „Kalt" ist es im Winter, wenn die Lufttemperatur den Gefrierpunkt nicht überschreitet, „heiß" ist in jeder Jahreszeit ein Tag mit Höchsttemperaturen über 30 °C. Bei „heiterem bis wolkigem Wetter" wird etwa die Hälfte des Himmels von tiefen oder mittelhohen Wolken verhüllt.

Die eigene Wetterstation

Grundbausteine einer eigenen Wetterstation (wie Thermometer, Hygrometer und Barometer) sind – als einzelne Instrumente oder in einem Gerät vereint – in den meisten Haushalten vorhanden. Für den ambitionierten Amateur, der ein Hobby pflegen möchte, das kaum einmal langweilig wird, kämen noch ein Anemometer und ein Niederschlagsmesser hinzu. Er sollte sich allerdings darüber im Klaren sein, dass die Messung der Wetterelemente in der eigenen Wetterstation mit verschiedenen Fehlerquellen behaftet ist, die zum Teil in der Messtechnik, vor allem aber am falschen Standort der Instrumente liegen:

Emanzipiertes Wetterhäuschen
Das traditionelle Wetterhäuschen ist im Prinzip ein Hygrometer. Im Innern befindet sich eine Saite, die sich je nach Luftfeuchtigkeit ausdehnt oder zusammenzieht. Der Mechanismus bewirkt, dass bei trockenem, schönem Wetter eine Frau vor der Tür erscheint, bei feuchtem Wetter zeigt sich dagegen ein Mann. Noch vor kurzem erhielten die Hochdruckgebiete, die schönes Wetter bringen, männliche Vornamen …

• Da die direkte und reflektierte Sonneneinstrahlung und die Wärmeabgabe von Gebäuden die Messergebnisse verfälschen, müssen Thermometer bzw. Temperatursensoren grundsätzlich im Schatten und in ausreichender Entfernung von eventuellen Wärmequellen installiert werden, möglichst über einer kurzgeschnittenen Rasenfläche, etwa 10 m vom nächsten Gebäude entfernt und in Augenhöhe (was die Ablesung erleichtert und störende Einflüsse des Erdbodens weitgehend ausschaltet). Optimal wäre eine Wetterhütte (S. 58).

• Strahlungsschutz ist bei den Instrumenten zur Feuchtemessung ebenfalls notwendig. Hygrometer neigen dazu, im Lauf der Zeit träge zu werden und zu niedrige Werte anzuzeigen. Man sollte sie deshalb hin und wieder testen, eichen und aktivieren. Wenn der Feuchtefühler angehaucht wird, muss die Feuchtezunahme angezeigt werden. Ein feuchtes Tuch, das um das Instrument gewickelt wird, macht das träge Hygrometer nach einiger Zeit wieder aktiv. Bei Nebel beträgt die relative Luftfeuchtigkeit rund 100 %, diesen Wert sollte auch das Gerät anzeigen.

• Bei Dosenbarometern hakt die Mechanik mitunter. Klopft man mit dem Finger leicht auf das Instrumentenglas, dann springt der Zeiger normalerweise auf den neuen Wert, schwingt er dagegen vor und zurück, dann ist das Gerät wahrscheinlich defekt.

Fehlerquellen

• Die Auffangöffnung einfacher Niederschlagsmesser ist in der Regel zu klein, außerdem besitzen sie keine Einrichtungen, die verhindern, dass Regentropfen wieder herausspitzen. Um Verdunstungsverluste zu verringern, sollte man einige Tropfen Öl in das mit Wasser gefüllte Auffanggefäß geben.

• Windgeschwindigkeit und -richtung werden vereinbarungsgemäß in 10 m Höhe über dem Erdboden bestimmt. Dafür fehlen auf einem Privatgrundstück jedoch meist die Voraussetzungen, folglich wird das Anemometer näher am Erdboden installiert. Um störende Einflüsse von Gebäuden, Hecken und anderen Hindernissen zu verringern, sollte darauf geachtet werden, dass sich die Messstelle vom nächsten Hindernis mindestens so weit entfernt befindet, wie dieses hoch ist.

Analog ...
Die traditionelle Messtechnik – hier Aneroidbarometer, Quecksilberthermometer (mit Minimum- bzw. Maximaltemperaturen) und Hygrometer – hat ihren Preis, ist dafür aber auch besonders robust und von der Stromversorgung unabhängig. Sie leistet oft über Jahrzehnte hinweg gute Dienste.

... oder digital
Funkwetterstationen haben zwei große Vorteile: Dank der drahtlosen Übertragung der Daten ist es möglich, die Temperatur- und Feuchte-Sensoren am optimalen Standort zu installieren; außerdem gestatten manche Geräte, ganze Datensätze zu speichern und Statistiken zu erstellen.

Wolkenanalyse

„Weiße Wolken befeuchten die Erde nicht“, „Eine kleine Wolke am Morgen macht oft ein großes Abendgewitter“ – in zahllosen Bauernregeln spielen Wolken als stumme Wetterpropheten die Hauptrolle. Sie eignen sich auch besonders gut dazu, weil sie im Unterschied zu vielen anderen Wetterelementen sichtbar und mit den für den Menschen wichtigsten Wettererscheinungen wie Regen, Sturm oder Gewittern unmittelbar verknüpft sind.

Wer sich für die Wetterentwicklung in den nächsten 1–2 Tagen interessiert, sollte die Wolken im höchsten Stockwerk der Atmosphäre im Auge behalten. Die weißen Wolkenschleier und -federn, zu denen auch die Kondensstreifen auf vielbeflogenen Luftstraßen gehören, haben zwar auf das Wetter am Erdboden keinen direkten Einfluss, liefern jedoch Hinweise auf die Art der Luftmassen in großen Höhen – sie gehören damit zu einer Art natürlichem Frühwarnsystem, das herannahende Schlechtwetterfronten ankündigt. So deuten Kondensstreifen, die lange erhalten bleiben und sich dann manchmal über das gesamte Himmelsgewölbe ausbreiten, auf den Vorstoß feuchterer Luftmassen in die hauptsächlich von den Jets durchflogenen Stockwerke der Atmosphäre hin.

Mit den mittelhohen Wolken der Gattungen Altocumulus und Altostratus verkleinert sich der Abstand des wetterprägenden Geschehens zum Erdboden und folglich auch der Zeitraum, in dem die Prognose zur Realität werden könnte, auf zum Teil weniger als 24 Stunden. So folgt den sonderbar geformten Wolken, die bei Föhnwetterlagen (S. 126) am Himmel stehen, häufig am nächsten Tag der nicht nur für Bergsteiger gefährliche Wettersturz.

Die tiefen Wolken sowie jene Wolkentürme, die von Bodennähe bis an den

„Schwarze Wolken – schwere Wetter“ (Bauernregel)
In unseren Breiten fällt Regen oder Schnee vor allem aus Wolken zweier Gattungen: der Regenschichtwolke und der Gewitter- und Schauerwolke. Beide sind hochaufragende Wolkenformationen, die den größten Teil des Sonnenlichts aufnehmen und deshalb an der Unterseite dunkelgrau bis schwarz aussehen. Am bedrohlichsten wirkt die mitunter pechschwarze Gewitter- und Schauerwolke, aber sie bringt meist nur kurze Regengüsse, die wie hier von Sonnenschein unterbrochen werden.

Schlechtwetter im Anmarsch
Unter den Hohen Federwolken (Cirren) sind vor allem die an einem Ende hakenartig gekrümmten Eiswolkenfasern und -federn recht zuverlässige Schlechtwetterboten. Diese von heftigen Höhenwinden zerzausten Wolken, die wegen ihrer Form auch Hakencirren oder Windbäume genannt werden, eilen den Wetterfronten weit voraus. Wenn sie sich aus südwestlichen Himmelsrichtungen nähern und dabei verdichten, ist im Allgemeinen innerhalb von 24–48 Stunden mit einer deutlichen Wetterverschlechterung zu rechnen.

Vorboten von Blitz und Donner
Im mittleren Wolkenstockwerk zwischen etwa 2 und 7 km Höhe herrschen relativ flache Wolken vor. Mitunter sind dort jedoch auch Wolken zu beobachten, die wie Wattebäusche, flockenartige Büschel mit zerfransten Unterteilen oder wie auf einer Wolkenbank aufgereihte Zinnen einer Burgmauer aussehen. Bilden sich solche Wolken im Sommer schon am Morgen, dann kommt es am Nachmittag oder Abend mit großer Wahrscheinlichkeit zu Gewittern, kräftigen Regen- und Hagelschauern.

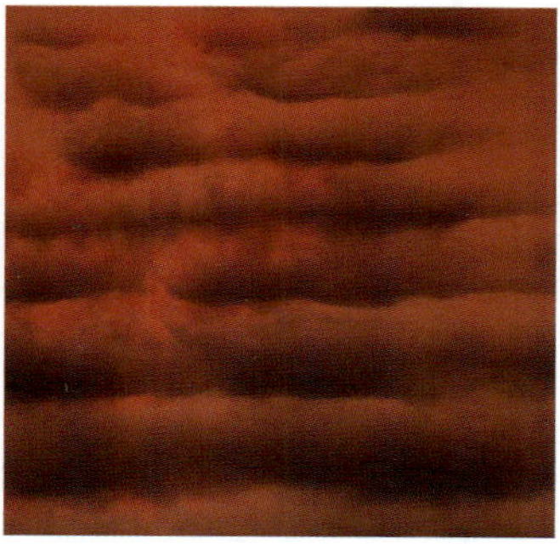

Schöne Aussichten
Aus Groben Schäfchenwolken (Altocumuli), die sich im mittleren Wolkenstockwerk sehr oft zu ausgedehnten, flachen Feldern anordnen, fällt normalerweise kein Regen oder Schnee. Sie sprechen überwiegend für anhaltendes Schönwetter oder eine Wetterbesserung, besonders wenn sie sich langsam auflösen, die Abstände zwischen den einzelnen Wolkenballen und -walzen dadurch größer werden und das ehemals mehr oder weniger geschlossene Feld auf kleinere Flecken zusammenschrumpft.

obersten Rand der Wettersphäre reichen, sind schließlich für das kurzfristige „Nowcasting“ nützlich, wie „Sofortvorhersagen“ für wenige Stunden in den angelsächsischen Ländern genannt werden. Dabei sollte man in erster Linie auf Details an der Unterseite dieser massigen Wolken achten, etwa auf beutelförmige Auswüchse, haarbüschelartige Anhängsel oder einzelne, abgetrennte Wolkenfetzen – alles Anzeichen für Schlechtwetter der übelsten Art.

Andere Phänomene

Neben den Wolken (S. 66) gelten viele weitere Wetterphänomene als Vorzeichen der Wetterentwicklung. Darüber hinaus werden auch manchen Tieren und Pflanzen in dieser Hinsicht prophetische Fähigkeiten zugeschrieben, vom berühmten Wetterfrosch bis zum Dachs, der nach einer Bauernregel das Talent besitzt, für mindestens sechs Wochen Prognosen für den Eigengebrauch zu liefern. An der besonderen Sensibilität der Tiere ist nicht zu zweifeln, beispielsweise für geringe Luftdruckänderungen oder unsichtbare elektrische Entladungen, doch vielfach wird das Verhalten falsch

„Geht die Sonne feurig auf, folgen Wind und Regen drauf“ (Bauernregel)
Feurige, intensiv rote bis purpurne Himmelsfarben während der Dämmerung sind grundsätzlich keine günstigen Wetterzeichen, egal ob bei Sonnenauf- oder bei Sonnenuntergang. Sie zeigen nämlich an, dass die Luftschichten viel Wasserdampf enthalten, aus dem sich Regen bringende Wolken entwickeln könnten. Ungünstiger ist freilich das Morgenrot. In klaren, kühlen Nächten setzt sich der Wasserdampf oft als Tau am Boden ab, während die wasserdampfreiche Morgenluft tagsüber erwärmt wird und aufsteigt, wobei ab einer gewissen Höhe Wolkentröpfchen entstehen. Etwa 6–12 Stunden nach Sonnenaufgang fallen dann oft Regenschauer.

gedeutet. So sollen sich Kühe auf der Weide vor einem Gewitter auf den Erdboden legen – sie liegen dort oft tatsächlich, aber nicht weil sie rechtzeitig vor dem Gewitter in Deckung gegangen sind, sondern weil Gewitter öfters in den Mittags- bis Nachmittagsstunden auftreten, in einer Zeit, in der sich die Kühe bevorzugt in bequemer Lage dem Wiederkäuen widmen.

Die meisten meteorologischen Wetterzeichen stehen hingegen auf einem sicheren naturwissenschaftlichen Fundament. Dazu gehören optische Erscheinungen innerhalb der Atmosphäre, wie die Farben des Himmels, die mit dem Wasserdampf- und/oder Staubgehalt der Luft zusammenhängen, oder die Vielfalt

„Wenn Mond (oder Sonne) hat einen Ring, folgt der Regen allerding“ (Bauernregel)
Lichtringe um Sonne und Mond sowie andere Haloerscheinungen entstehen hauptsächlich durch Brechung und Spiegelung des Sonnen- und Mondlichts in den hohen Eiswolken. Sie zeigen damit an, dass feuchtere Luftmassen in großer Höhe herangeführt werden und deuten so auf eine baldige Wetterverschlechterung hin.

der Halophänomene (S. 31), für die in erster Linie mit bloßem Auge kaum sichtbare Eiswolken verantwortlich sind.

Leichter Dunst und fallender Nebel (S. 46) sowie starker Taufall und Reifansatz in klaren Nächten gelten als recht zuverlässige Anzeichen für kommendes oder beständiges Schönwetter, genauso wie Winde aus östlichen bis südöstlichen Himmelsrichtungen (die dabei allerdings im Winter sehr kalte Luft heranführen können). Wehen sie andererseits aus den notorischen „Regennestern“ über dem Atlantik, also aus südwestlichen bis nordwestlichen Richtungen, dann stellt sich fast immer umgehend wechselhaftes, feuchtes „Schmuddelwetter“ ein.

Ominöses Salz
In Kalibergbaurevieren gelten die oft riesigen Salzhalden als Wetterboten: Strahlen sie leuchtend weiß, dann bleibt das Wetter schön, nehmen sie dagegen einen Grauschimmer an, dann steht Regen bevor. Salz nimmt Feuchtigkeit aus der Luft auf und wird dadurch etwas dunkler. Trockene Luft entzieht dem Salz Feuchtigkeit, und es erstrahlt weiß.

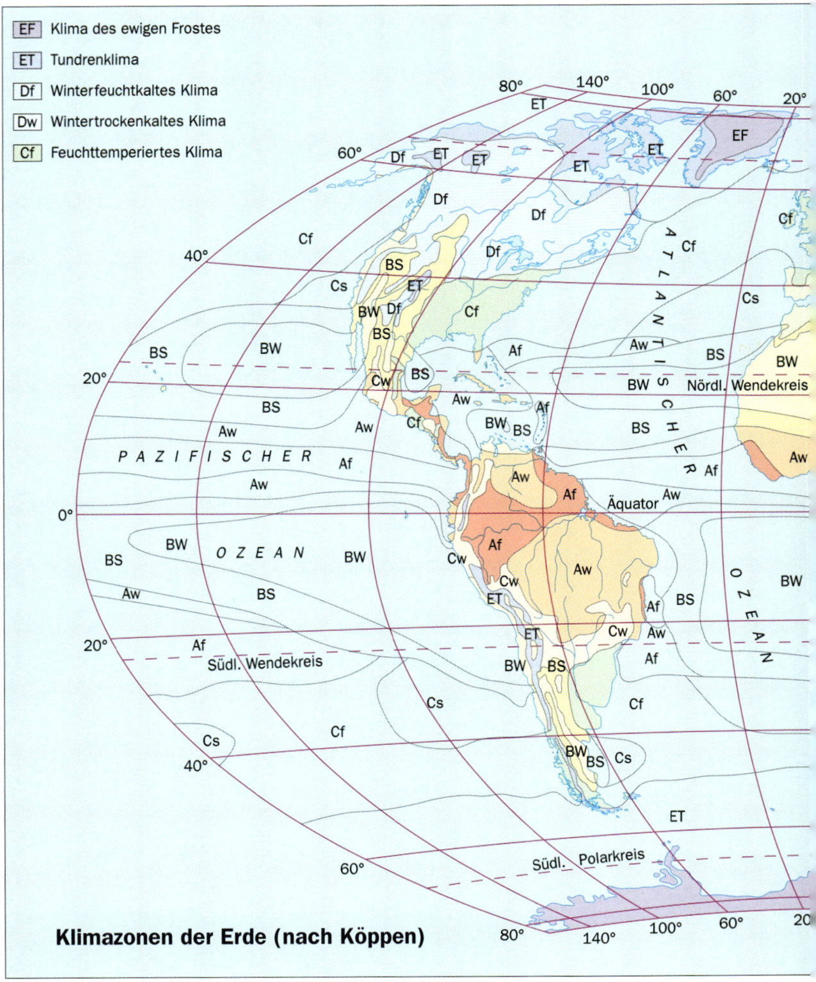

Klimazonen der Erde (nach Köppen)

Klimatypen

Die Erde weist unendlich viele Klimate auf, die bestimmten Klimatypen zugeordnet werden. Der Klimatologe Wladimir Köppen unterschied sechs Haupttypen von Klimaten, die er mit Großbuchstaben (A bis F) bezeichnete. Die Feingliederung der A-, C- und D-Klimate erfolgt hauptsächlich über die jahreszeitliche Verteilung der Niederschläge – die mit kleinen Buchstaben vermerkt sind, z.B. Af.

Die Klimate der Erde

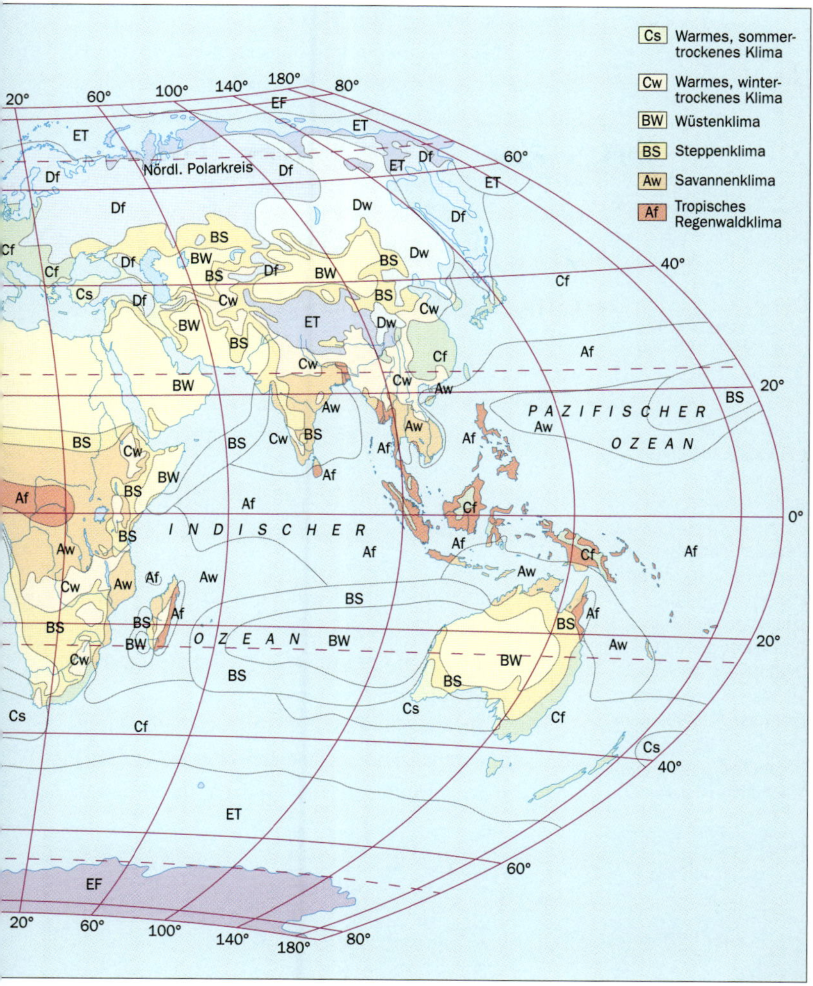

A-Klimate Tropische Regenklimate ohne kühle Jahreszeit (Mitteltemperatur des kältesten Monats über 18 °C).

B-Klimate Trockenklimate, die gegenüber den anderen Klimaten nach Temperatur und Jahresniederschlag abgegrenzt werden.

C-Klimate Gemäßigte Regenklimate, deren kältester Monat zwischen +18 und -3 °C liegt, während der wärmste +10 °C übersteigt.

D-Klimate Schneewald-Klimate mit Januarmitteln unter -3 °C, aber mit Julimitteln von über +10 °C.

E-Klimate Tundrenklimate (wärmster Monat unter +10 °C).

F-Klimate Klimate ewigen Frostes (Temperatur des wärmsten Monats unter 0 °C).

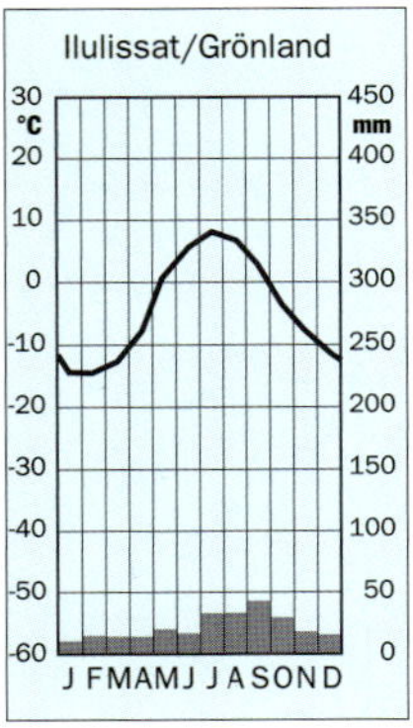

Eiswüsten und dürftige Flora

E- bzw. F-Klimate herrschen hauptsächlich an den Polarkappen der Erde. Stellenweise prägen diese kalten Klimate jedoch weit darüber hinaus die Naturlandschaft, vor allem an der Atlantikküste Nordamerikas, wo die Tundra südwärts erst etwa am 50. Breitenkreis endet, in einer Zone, in der diesseits des Atlantiks noch Weintrauben reifen. Insgesamt prägen die Frost- und Tundrenklimate ein gutes Sechstel der Festländer. Auf der Südhalbkugel fehlen Tundrenklimate aber fast völlig, da sich dort in den entsprechenden Zonen vorwiegend Meere und Gletscher erstrecken.

Die Polarkappen unterscheiden sich in den mittleren Temperaturen deutlich. Während am Nordpol der wärmste Monat die 0°-Marke erreicht, bleibt die Mitteltemperatur der Sommermonate am Südpol (2800 m über dem Meeresspiegel) unter eisigen -25 °C. Der Schneefall ist hier wie dort relativ gering, hat jedoch im Lauf von Jahrhunderttausenden immerhin die beiden größten Gletscher der Erde, das Antarktische Inlandeis (13,6 Mio. km^2) und das Inlandeis Grönlands (1,7 Mio. km^2), aufgebaut.

Sobald die Mitteltemperatur des wärmsten Monats den Gefrierpunkt deutlich überschreitet, gehen die Eis- und Gesteinsschuttwüsten in Tundren über, offene

Ein kahler Waldfjord
Der „Waldfjord“ Tunilliarfik, der vor rund 1000 Jahren noch eine bewaldete Landschaft im Südwesten Grönlands durchzog, spricht heute seinem Namen Hohn. Das Klima erreicht hier mittlerweile selbst im wärmsten Monat kaum mehr die Mitteltemperatur von 10 °C, die für Bäume die Grenze des Wachstums darstellt.

Polarnacht und Polartag

„Ich möchte lebhaft bezweifeln, ob sich jemand, der sie nicht einmal vier Monate durchgemacht hat, eine Vorstellung davon machen kann, was solch eine ewige Nacht bedeutet ... Vier Monate lang, 120 endlose Tage, ist Nacht, nichts als sturmdurchtobte, bitterkalte Nacht!“. Selbst an hartgesottenen Polarforschern wie dem Amerikaner Robert E. Peary, der den äußersten Norden Grönlands erkundete, ging die Polarnacht nicht spurlos vorüber, auch wenn als Trost für die schier endlose Finsternis, die am Nordpol ungefähr ein halbes Jahr dauert, im Sommer der etwa gleich lange Polartag mit der „Mitternachtssonne“ winkt.

Für die Bewohner der niederen und mittleren Breiten der Erde ist es ganz selbstverständlich, dass die Sonne am Morgen auf- und am Abend wieder untergeht. Ab den Polarkreisen bei rund 66° nördlicher bzw. südlicher Breite gilt dieses Naturgesetz allerdings nicht mehr. Innerhalb der Polarkappen bleibt die Sonne an mindestens einem Tag des Jahres unter dem Horizont, und je näher man dem Pol kommt, für Wochen und Monate. Dafür geht sie im Sommerhalbjahr an mindestens einem Tag nicht unter.

Der sonderbare Wechsel von Polarnacht und Polartag, die durch „normale“ Tage mit täglichem Sonnenauf- und -untergang getrennt werden, hängt wie der Wechsel der Jahreszeiten (S. 24) mit der Neigung der Erdachse zusammen: Die Achse, um die sich die Erde dreht, steht nicht senkrecht im Raum, sondern bildet mit der Ebene der Erdbahn einen Winkel von 66,5°. Dadurch neigt sie sich beim Umlauf der Erde um die Sonne mal mehr der Sonne zu, mal mehr von ihr fort. Im Winter der jeweiligen Erdhalbkugel gerät das Polargebiet ganz auf die Nachtseite der Erde. Nur durch die Spiegelung und Brechung der Sonnenstrahlen wird es dann am Tag ein wenig hell. Umgekehrt reicht das Sonnenlicht im Sommer über den Pol hinweg bis auf die der Sonne abgewandte Seite der Erde, und der helle Tag dauert volle 24 Stunden.

Landschaften, die von anspruchslosen Pflanzen wie Flechten, Moosen, Gräsern, Kräutern oder Zwergsträuchern und nur vereinzelt mit höheren Gehölzen bewachsen sind. Bäume, wie die nördlichsten Kiefern der Erde im hohen Norden Norwegens, können hier bei mittleren Sommertemperaturen von +10 °C gerade überleben, aber sich kaum noch vermehren.

Die Schneegrenze

Weite Areale der Polargebiete liegen jenseits der klimatischen Schneegrenze. Diese gedachte Linie trennt die Regionen, in denen der gefallene Schnee im Jahresdurchschnitt durch Abschmelzen und Verdunsten restlos aufgezehrt wird, von jenen Gebieten, in denen Schneereste übrig bleiben und sich unendlich langsam in Gletschereis verwandeln. In den Zonen des ewigen Frostes verläuft diese markante Klima- und Landschaftsgrenze auf Meeresniveau, die größten Höhen (bis fast 7000 m ü.d.M.) erreicht sie dagegen in den Hochgebirgen der Subtropen.

Schneeweiße Lasten
Die Schneewälder am Rand der Arktis bestehen überwiegend aus immergrünen Nadelbäumen, die vor Laub abwerfenden Gehölzen den Vorzug haben, die knapp bemessene Vegetationszeit vom ersten bis zum letzten Tag ausnutzen zu können. Dafür müssen sie im Winter schwere Lasten aus Schnee und Eis tragen.

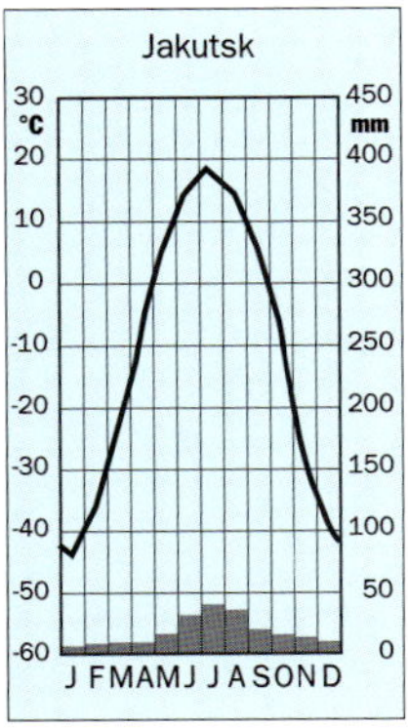

Die größten Wälder der Erde

Strenge Fröste zwischen -30 und -40 °C sind in den Klimazonen, die Köppen seinen Schneewaldklimaten zugeordnet hat, an der Tagesordnung und Tiefsttemperaturen von -50 bis -60 ° C nicht selten; die Wachstumszeit dauert alljährlich in der Regel nur 3–4 Monate, und die Schneedecke, die als schützende Wärmedämmschicht wirkt, ist sowohl in den ständig feuchten Df- als auch in den wintertrockenen Dw-Klimaten bei weitem nicht so dick, wie der Name Schneewald erwarten lässt. Es grenzt an ein Wunder, dass unter derart rauen Klimaverhältnissen überhaupt noch dichte Wälder gedeihen.

Der Schneewald des Nordens, von den Russen Taiga und in der Fachliteratur nach Boreas, dem griechischen Gott des Nordwinds, allgemein borealer Nadelwald genannt, ist sogar der größte Wald der Erde; mit rund 13 % Anteil an den Festländern übertrifft er den natürlichen Anteil des tropischen Regenwalds um mehr als die Hälfte. Südlich des Äquators fehlt jedoch in den Zonen zwischen dem 40. und 70. Breitenkreis ein Nadelwaldgürtel als Gegenstück, diese Zonen sind im Süden fast durchweg Meer.

Dem großen Anteil der Festländer auf der Nordhalbkugel verdankt der Schneewald letztendlich seine Existenz. Die Landmassen erhitzen sich nämlich im Sommer sehr stark, und die Lufttemperaturen klettern deshalb in wenigstens drei Monaten über die Mindesttemperatur von 10 °C, jenseits derer Bäume gedeihen und sich vermehren können, und das selbst in den kältesten Regionen, in denen im Winter Tiefsttemperaturen von unter -60 °C gemessen werden.

Extremer geht's nimmer

In der Regel weisen Waldklimate relativ geringe jahreszeitliche Temperaturschwankungen auf. Schneewaldklimate zeichnen sich aber durch extreme Temperaturunterschiede zwischen Sommer und Winter aus, besonders im Innern der Kontinente. Im Nordosten Sibiriens kommen sogar bei den mittleren Temperaturen der einzelnen Monate Schwankungen von mehr als 60 Grad vor – in dem Ort Oimjakon beispielsweise, einem der Kältepole der Welt, zwischen +15 und -50 °C, und bei den absoluten Werten wächst die Spanne leicht auf 100 Grad.

Ewige Gefrornis

Wohl kaum einer der wenigen Reisenden, die sich im Sommer in die Sumpftaiga am Olenjok-Fluss im mittleren Sibirien verirren und bei hochsommerlichen Temperaturen von 25–30 °C mit Stechmückenschwärmen kämpfen müssen, kommt auf den Gedanken, dass nur ein paar Meter unter seinen Füßen die Eiszeit beginnt: Denn unterhalb einer dünnen Schicht, die im Sommer auftaut, ist dort der Boden bis in Tiefen von 1500 m ständig gefroren. Dauerfrostboden, Permafrost oder ewige Gefrornis nennt man das sonderbare Phänomen, das vor allem in den Schneewald-, Tundren- und Frostklimaten bei mittleren Jahrestemperaturen unter -5 bis -7 °C auf etwa einem Viertel der Festlandsflächen zu beobachten ist.

Zumindest nach menschlichen Zeitmaßstäben trägt die „ewige" Gefrornis ihren Namen zu Recht, denn der Dauerfrostboden birgt als natürliche Tiefkühltruhe häufig perfekt erhaltene Kadaver eiszeitlicher Mammuts, von denen die meisten bereits vor rund 10 000 Jahren ausgestorben sind. Für Paläontologen ist der Dauerfrostboden deshalb eine Fundgrube, für Baumeister freilich oft ein Alptraum. Solange der Boden gefroren bleibt, bildet er einen soliden Baugrund; wird jedoch die Pflanzendecke an der Bodenoberfläche entfernt (was sich beim Bau von Gebäuden und Straßen nicht vermeiden lässt), dann dringt die Wärme im Sommer tiefer in den Untergrund ein, schmilzt das Eis und verwandelt den Boden in einen zähflüssigen Schlamm. Bauwerke versinken in der aufgeweichten Erde, kippen um und zerbrechen. Enorme Probleme treten auch beim Bau von Pipelines auf, in denen heißes Erdöl transportiert wird – und Erdöl wird in den Dauerfrostgebieten Eurasiens und Nordamerikas an vielen Stellen gefördert. Aus Kostengründen entscheidet man sich meist gegen den Bau von Pipelines, die wie die Alaska-Pipeline wenigstens streckenweise oberirdisch auf Stützpfeilern errichtet sind, mit der Folge, dass immer wieder viele Quadratkilometer große Landstriche durch auslaufendes Erdöl verseucht werden.

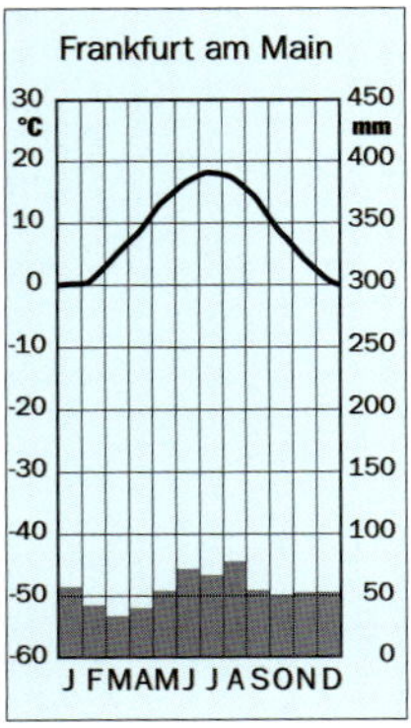

Der goldene Mittelweg

Angesichts der Wechselbäder von polarer Kälte und tropischer Hitze, die die Bewohner der mittleren Erdbreiten ungefähr zwischen dem 40. und 60. Breitenkreis im Lauf des Jahres über sich ergehen lassen müssen, klingt die Charakterisierung „gemäßigt" wie Hohn. Bei der Abgrenzung der Klimazonen spielen allerdings nicht die Extreme, sondern die Mittelwerte die entscheidende Rolle. Sie liegen hier bei den Lufttemperaturen tatsächlich im (kühl-)gemäßigten Bereich: mit nicht allzu kalten Wintern, in denen die mittlere Temperatur des kältesten Monats in den tieferen Lagen und küstennahen Regionen -3 °C selten einmal unterschreitet und sich die durchschnittlichen Sommertemperaturen meist irgendwo zwischen 15 und 20 °C, an den Ostseiten der Kontinente sogar zwischen 20 und 25 °C, einpendeln. Unter dem dauernd-feuchten Klima regnet oder schneit es gleichmäßig über das ganze Jahr verteilt, es gibt keine ausgeprägten Trockenzeiten.

Kühlgemäßigte Regenklimate prägen die Pflanzen- und Tierwelt auf annähernd einem Siebtel der Fläche der irdischen Festländer, unter anderem in Neuseeland, Ostasien, Nordamerika und nicht zuletzt in West- und Mitteleuropa, dessen Wetter und Klima im Folgenden etwas ausführlicher dargestellt wird. Früher verwendete Begriffe wie Eichenklima oder Lorbeerwaldklima verraten, dass sommergrüne Laubbäume, die ihre Blätter im Frühjahr entfalten und im Herbst abwerfen, oder immergrüne Gehölze dem speziellen Klima am besten angepasst sind. Von Natur aus, ohne die Eingriffe des Menschen, wären z.B. die Landschaften zwischen der Nord- und Ostseeküste und den Alpen zu gut 95 % bewaldet. Hier hat die Artenvielfalt unter den radikalen Einschnitten der Eiszeiten und den Eingriffen des Menschen gelitten, während etwa im Südosten der USA in den Great Smoky Mountains unter dem ausgeglichenen Waldklima über 1500 Arten von Blütenpflanzen und so altertümliche Geschöpfe wie der mindestens 100 Millionen Jahre alte nordamerikanische Schlammfisch überlebt haben.

Besser als sein Ruf
„Kühl-gemäßigt", meist in Verbindung mit „dauernd-feucht", lässt manchen erschauern, doch was die Temperaturen angeht, gibt das Klima Mitteleuropas keinen Anlass zum Klagen. Es ist nämlich wesentlich milder als in anderen Regionen der mittleren Erdbreiten. Am 50. Breitenkreis, der mitten durch Deutschland verläuft, schwankt z.B. die weltweite Durchschnittstemperatur im Januar um –8 °C. Frankfurt am Main, das ungefähr auf diesem Breitenkreis liegt, verzeichnet dagegen in diesem Monat eine Mitteltemperatur von rund 0 °C.

Der Wald – ein Segen für Mensch und Natur

Unter dem kühl-gemäßigten Klima gedeihen Wälder besonders gut, wie die Regenwälder an der Pazifikküste Nordamerikas, die sich in ihrer Üppigkeit mit den tropischen Regenwäldern durchaus messen können. Gleichzeitig schaffen die Wälder im Innern der Bestände ihr eigenes Klima, das sich vom Klima offener Landschaften deutlich unterscheidet. Es ist sehr ausgeglichen, mit gleichmäßig hoher Luftfeuchtigkeit, geringen Temperaturschwankungen und schwachen Luftbewegungen.

Das ausgeglichene Waldklima hat einen Hauptgrund: die enorme Verdunstung der Bäume. Eine einzige 100-jährige Eiche saugt mit den Wurzeln jährlich etwa 40 000 Liter Wasser aus dem Boden und gibt das Nass über ihre rund 130 000 Blätter an die Atmosphäre wieder ab. Dank der Verdunstungskälte bleiben die Temperaturen im kühlen Bereich der Skala, zugleich erhält die Luft den Wasserdampf, aus dem sich Regenwolken bilden können. Mit der großflächigen Abholzung der Wälder verändert sich das Klima deshalb fast immer zur extremen Seite hin. Trockenere Witterungsphasen wechseln mit kurzen, heftigen Regengüssen, bei denen der ungeschützte Boden erodiert wird.

Nicht zuletzt verbessern Wälder auch die Luftqualität. Die erwähnte Eiche bindet pro Jahr ungefähr 5000 kg Kohlendioxid in der Biomasse – im Gegenzug gibt sie bis zu 4500 kg Sauerstoff (den Jahresbedarf von elf Menschen) ab und kann 1000 kg Staub und Schadstoffe aus der Luft filtern.

Lichter Wald
Dichte geschlossene, annähernd gleichartige und gleichaltrige Baumbestände sind untypisch für unsere naturnahen Wälder. Unter natürlichen Bedingungen entwickelt sich vielmehr ein abwechslungsreiches Waldmosaik mit kleineren und größeren Lichtungen – für die auch Stürme und Gewitter verantwortlich sind, die immer wieder Lücken in die Bestände reißen.

Schönwetter (Phasen 1–3)
Die aus Norden bis Osten eingeflossene Luft enthält relativ wenig Feuchtigkeit. Selbst bei intensiver Sonneneinstrahlung bilden sich daher nur einzelne flache Quellwolken, die so genannten Schönwetterwolken.

Wetterumschlag (Phasen 4–5)
Der Wechsel von schönem zu „schlechtem" Wetter kündigt sich zuerst im obersten Wolkenstockwerk durch dünne, milchig-weiße Eiswolkenschleier und einzelne Federwolken an. Je näher die Schlechtwetterfront kommt, umso dichter wird die Bewölkung und graue Schichtwolken schieben sich vor die Sonne.

Der Wetterzyklus unserer Klimazone

Mitteleuropa liegt innerhalb einer Zone, in der sich nahezu pausenlos Hoch- und Tiefdruckgebiete in lockerer Folge wie auf einem Fließband annähernd von Westen nach Osten bewegen. Sie verfrachten dabei in kurzen Zeitabständen abwechselnd kalte und warme, trockene und feuchte Luftmassen aus den verschiedensten Regionen der Nordhalbkugel in diesen Teil der Erde und machen unser Klima so extrem wechselhaft.

Rund zehn Luftmassenarten prägen das Wetter in Mitteleuropa, vor allem feuchte atlantische. Man hat aus den scheinbar regellosen Vorstößen dieser Luftmassen in Abhängigkeit von der Luftdruckverteilung einen für das mitteleuropäische Wetter charakteristischen Zyklus mit 6 Hauptwetterphasen rekonstruiert. Diese Phasen verknüpfen nicht nur bestimmte Wettertypen mit Reaktionen des menschlichen Organismus (S. 98), sondern liefern auch Anhaltspunkte für die Wettervorhersage.

Wetterphasen unserer Klimazone

Phase 1: Über der Nordsee und dem westlichen Mitteleuropa liegt ein Hochdruckgebiet, an dessen Ostflanke kühle bis kalte Festlandsluft nach Süden strömt. Der Himmel zeigt sich heiter bis wolkig, im Herbst und Winter kann es dabei verbreitet dunstig bis neblig sein.

Phase 2: An der Westflanke des Hochs, das sich nun leicht nach Osten verlagert hat, wird milde und feuchte Luft aus südlichen Breiten herangeführt. In der kalten Jahreszeit breitet sich Nebel aus, im Sommer kann es zu ersten Gewittern kommen.

Phase 3: Das Hoch liegt über Osteuropa, gleichzeitig nähert sich vom Atlantik her ein Tiefdruckgebiet. Durch das stärkere Druckgefälle nehmen Wind und die Zufuhr von Warmluft zu. Der Himmel ist meist nur locker bewölkt.

Phase 4: An der Vorderseite des Tiefs gleitet die feucht-warme Luft zunächst in der Höhe auf die kühleren Luftmassen auf und setzt sich dann bis zum Boden durch. Je weiter sie nach Osten vorankommt, umso dichter wird die Bewölkung, bis es schließlich regnet oder schneit.

Wetterberuhigung (Phase 6)
Nach dem Durchzug einer Schlechtwetterzone beherrschen nicht selten gewaltige Gewitter- und Schauerwolken für ein oder zwei Tage den dann „chaotischen Himmel". Gerade während dieser Phase treten in Mitteleuropa auch heftige Stürme auf.

Phase 5: Hinter dem Kern des Tiefs dreht der Wind jetzt von südwestlichen auf nordwestliche Richtungen. Er treibt kalte, polare Meeresluft vor sich her und führt endgültig zum Wetterumschwung – bei krassen Temperaturunterschieden nicht selten auch zum plötzlichen Wettersturz.

Phase 6: Dem nach Osten abgezogenen Tief folgt vom Atlantik her oft ein Hoch, unter dessen Einfluss sich das Wetter allmählich beruhigt und nahtlos wieder in das Wetter der Phase 1 übergeht. War der Kaltluftschwall besonders mächtig, kann es freilich noch einige Zeit dauern, bis die letzten Gewitter und Schauer endgültig abgeklungen sind.

Der Lenz ist da
Wenn die Apfel- und Fliederbäume blühen, beginnt in Mitteleuropa der Vollfrühling, der oft schon Ende April in die klimatisch günstigsten Gegenden einzieht. Im Alten Land in den Elbmarschen bei Hamburg (oben) öffnen sich die Blütenknospen erst Anfang Mai, und im äußersten Nordosten Deutschlands beginnt der Vollfrühling meist sogar noch ein bis zwei Wochen später.

Jahreszeitenklima

Im Unterschied zu den Zonen beiderseits des Äquators, wo die Lufttemperaturen im Lauf des Jahres nur relativ gering schwanken, herrscht in Mitteleuropa und allgemein in den mittleren und höheren Breiten der Erde ein Klima mit mehr oder weniger kräftigen Temperaturschwankungen, das als Jahreszeitenklima bezeichnet wird. Aber wie viele Jahreszeiten zählt das Jahr, und wann beginnen sie genau?

Die herkömmliche Einteilung in vier astronomische Jahreszeiten (S. 24) hat erhebliche Schwächen, denn sie deckt sich nur grob mit dem tatsächlichen Witterungsablauf. Der Frühlingsanfang ist erfahrungsgemäß nicht zwangsläufig mit einem Anstieg auf „frühlingshafte" Temperaturen verbunden, und mit dem Aufziehen der Winterreifen sollte man nicht bis zum offiziellen Winteranfang warten. Die vier meteorologischen Jahreszeiten kommen der Realität schon etwas näher: Bei ihnen dauert der Frühling auf der Nordhalbkugel von März bis Mai, der Sommer von Juni bis August, der Herbst von September bis November und der Winter von Dezember bis Februar.

Der Phänologische Kalender

Am genauesten entsprechen die phänologischen Jahreszeiten dem Rhythmus der Witterung und der gesamten Natur. Sie beruhen hauptsächlich auf markanten jahreszeitlichen Phänomenen (griech. *phainesthai* = erscheinen) innerhalb der Pflanzen- und Tierwelt sowie auf den Wachstumsphasen bestimmter Pflanzen oder den Terminen des Vogelzugs.

Die phänologische Gliederung des Jahres ist wesentlich detaillierter und sozusagen sensibler als der auf starren Terminen beruhende übliche Jahreszeitenkalender; sie hat allerdings den Nachteil, dass in größeren Regionen mit rasch wechselnden Klimaverhältnissen die Jahreszeiten nicht überall zur gleichen Zeit beginnen. Der Frühling breitet sich z.B. in Europa mit einer durchschnittlichen Geschwindigkeit von 200 km pro Tag von Westen nach Osten und mit rund 44 km von Süden nach Norden aus. In den Gebirgen braucht er etwa 3 Tage, um 100 Höhenmeter zu überwinden. Hinzu kommen Verschiebungen der Eintrittstermine von Jahr zu Jahr, die in der Größenordnung von mehreren Wochen liegen können.

Die 10 Jahreszeiten
In der Phänologie von Mitteleuropa unterscheidet man 10 Jahreszeiten. Mit Ausnahme des Winters (für Flora und Fauna überwiegend eine Zeit der Ruhe) gliedern sie sich in zahlreiche kürzere Zeitabschnitte, die nach den Entwicklungsphasen bestimmter Pflanzen und Tiere sowie den Terminen witterungsabhängiger Feldarbeiten gezogen werden. Im Rheingau, einer der mildesten Gegenden Mitteleuropas, beginnt die Schneeglöckchenblüte und damit der Vorfrühling durchschnittlich bereits Mitte Februar, also mehr als 4 Wochen vor dem astronomischen Frühlingsanfang.

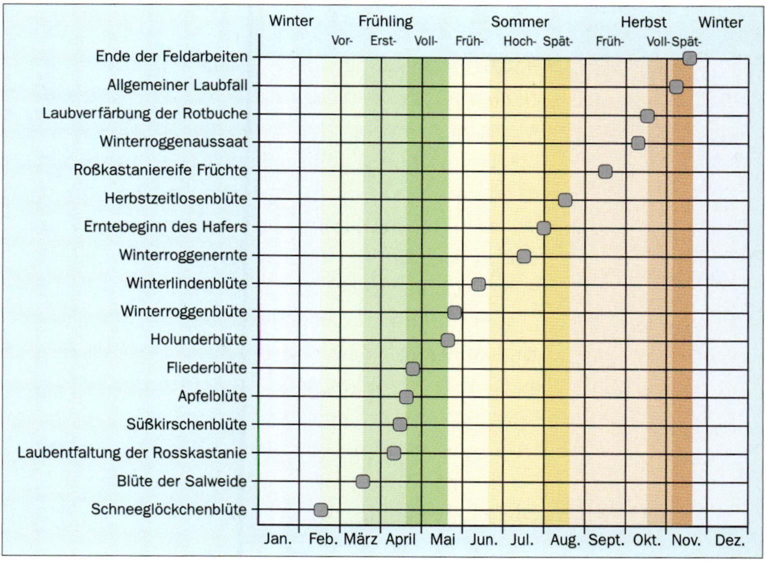

Kein Badewetter
Vorstöße kühler und feuchter Luftmassen aus nördlichen Himmelsrichtungen sind im Hochsommer Mitteleuropas nicht selten und fegen regelmäßig die Strände leer. Über dem Binnenland erwärmt sich die Luft jedoch rasch, und bald bilden sich Wolken, aus denen Regenschauer niedergehen. Dauerregen ist bei diesen so genannten Monsunwellen eher die Ausnahme.

Regelfälle mit Abweichungen

Das einzig Berechenbare am Klima Mitteleuropas, so heißt es, sei seine Unberechenbarkeit. Diese spezielle „Chaos-Theorie“ trifft glücklicherweise nicht zu. Im durchschnittlichen Jahresablauf gibt es sehr wohl Witterungstypen, die in bestimmten Jahreszeiten mit großer Wahrscheinlichkeit eintreten, wie etwa die Schafskälte: Arktische Kaltluft lässt Mitte Juni die frisch geschorenen Vierbeiner in fast 9 von 10 Jahren frieren. Insgesamt sind in Mitteleuropa etwa drei Dutzend derartiger Witterungsregelfälle oder Singularitäten (lat. *singularis* = eigentümlich) statistisch bestätigt.

Trotzdem kann man sich in unseren Breiten bei der Planung von Reisen, Gartenarbeit und anderer Aktivitäten im Freien nicht ganz auf den Witterungskalender verlassen, vor allem aus drei Gründen: Quer durch Mitteleuropa verlaufen häufig scharfe Luftmassengrenzen – im Südwesten schlägt z.B. das Weihnachtstauwetter zum Verdruss der Wintersportler zu, während im Nordosten die Kaltluft den milden Luftmassen trotzt. Auch von äußeren Faktoren, die den „normalen“ Witterungsablauf stören, bleiben wir nicht verschont – das mittlere Europa liegt dem Revier des berüchtigten El Niño (S. 150) näher als z.B. Australien, wo das Phänomen mitunter für äußerst turbulentes Wetter sorgt. Und zuletzt haben sich sowohl unser Kalender als auch unser Klima verändert – die „Eisheiligen“ Pankratius, Servatius und Bonifatius, die noch im frühen 19. Jahrhundert mit bemerkenswerter Pünktlichkeit für frostige Temperaturen sorgten, sind in den letzten Jahrzehnten infolge der globalen Erwärmung unpünktlicher geworden oder gar ganz weggeblieben.

	Häufig eintretende Witterungsperioden
Hochwinter 1–3 1. + 2. Januardrittel	Überwiegend trockenes Frostwetter, unterbrochen von ein paar milden, regnerisch-trüben Tagen. In dieser Periode tritt im Binnenland häufig die tiefste Temperatur des Jahres auf, an den Küsten eher später. Ende Januar folgt in der Regel eine Tauwetterperiode.
Spätwinter 1–2 Mitte – Ende Februar	Meist sonniges oder nebliges Winterwetter. In strengen Wintern mit schwachen oder fehlenden wärmeren Zwischenzeiten bei geschlossener Schneedecke die tiefsten Temperaturen des Jahres.
Märzwinter 1–3 1. + 2. Märzdrittel	Häufig heiteres bis wolkenloses Wetter mit starker Sonneneinstrahlung. Große Temperaturschwankungen zwischen Tag und Nacht, vielfach noch Nachtfrost.
Vorfrühling/Mitfrühling Ende März – Ende April	Überwiegend Schönwetterlagen mit Warmluftzufuhr, dazwischen Kälterückschläge – das typische „Aprilwetter".
Spätfrühling 2. Maidrittel	Recht zuverlässige warm-trockene Witterungsperiode, die im Zug der „globalen Erwärmung" die „Eisheiligen" verdrängt hat.
Schafskälte Mitte Juni	Letzter markanter Kälterückfall in Mitteleuropa, begleitet von unbeständig-regnerischem Wetter, in den Gipfellagen auch Schneefall.
Siebenschläfer Ende Juni – Anfang Juli	Frühsommerliche Periode, in der das Wetter oft von sonnig-trockenem zu unbeständig-regnerischem Wetter umschlägt.
Hochsommer 1–3 Mitte Juli – Ende August	In Mitteleuropa oft die heißeste Zeit des Jahres. Die warm-trockene Witterung wird jedoch insbesondere im letzten Augustdrittel häufiger von unbeständigem kühlem Wetter unterbrochen.
Altweibersommer letztes Septemberdrittel	Frühherbstliche Schönwetterlage. Vielfach Morgennebel, tagsüber sommerlich anmutende Temperaturen. Dem Altweibersommer entspricht der „Indian Summer" in Nordamerika.
Mittelherbst Anfang – Mitte Oktober	Trockene Witterung mit ausgeprägten Temperaturschwankungen zwischen Tag und Nacht. In tieferen Lagen Auftreten von erstem starkem Nachtfrost.
Spätherbst 1–3 1. + 2. Novemberdrittel	Milde Schönwetterperiode, in der Warmluft aus südlichen Breiten nach Mitteleuropa geführt wird. In den Höhenlagen der Gebirge oft viel Sonnenschein und frühlingshafte Temperaturen, in den Niederungen dagegen meist Nebel und Smog. Häufig kommt es gerade in dieser Zeit zum ersten kräftigen Wintereinbruch.
Weihnachtstauwetter letztes Dezemberdrittel	Nach dem Frühwinter (Mitte Dezember) Zufuhr von milder Meeresluft aus südwestlichen Richtungen, verbunden mit dem Abschmelzen der jüngsten Schneedecke, nicht selten bis in die höchsten Lagen der Mittelgebirge.

„Regnet es am Siebenschläfertag ..."
Die in der Tabelle beschriebenen Witterungsperioden beginnen und enden naturgemäß nicht in jedem Jahr am gleichen Tag. Sie können sich um 1–2 Wochen verschieben, weil die Luftdruckgebiete, die den Witterungscharakter bestimmen, nicht immer zur gleichen Zeit entstehen. Bei den markanten Regelfällen kommt hinzu, dass sich durch den Wechsel vom Julianischen zum Gregorianischen Kalender (ab 1582) eine Datenverschiebung um mittlerweile mehr als eine Woche ergeben hat. Die auf den Siebenschläfertag (27. Juni) gemünzte Regel gilt deshalb heute eher für die erste bis zweite Juliwoche.

Ans Klima angepasst
Enge Gassen, die auch bei hohem Sonnenstand noch im Schatten liegen, Häuser mit Innenhof, in dem ein Wasserbecken Kühle verbreitet, weiß gekalkte Hauswände, die die Sonnenstrahlung zurückwerfen, dazu die typische Lage auf windigen Bergkuppen – im Mittelmeerraum hat sich ein charakteristischer Baustil entwickelt, der an das Klima perfekt angepasst ist.

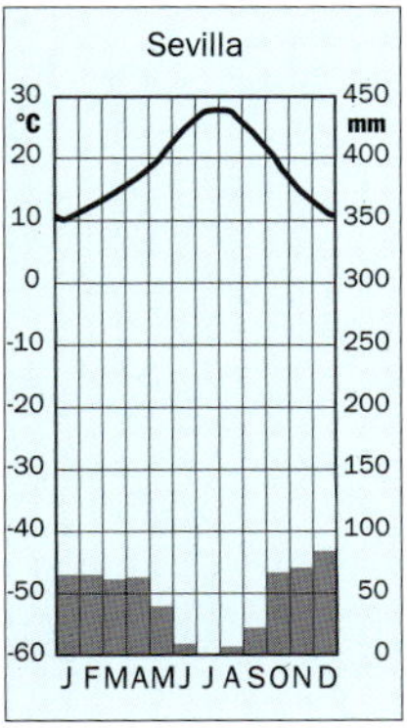

Das ideale Urlaubsklima?

Im Sommer verlagert sich die Kette der Hochdruckgebiete, die den Erdball in den Subtropen umschließt, polwärts und drängt dadurch die aus Westen heranziehenden Tiefdruckgebiete auf polnähere Zugbahnen ab. In der Zone etwa zwischen dem 25. und dem 45. Breitenkreis regnet es in dieser Jahreszeit darum kaum, dafür scheint die Sonne fast den ganzen Tag über, und bei der kräftigen Energiezufuhr steigen die Luft- und Wassertemperaturen auf Rekordwerte.

Im Winter, teils auch im Herbst und Frühjahr, zeigt das für den Sommerurlaub ideale Klima der Subtropen aber ein völlig anderes Gesicht. Jetzt ziehen sich die Hochdruckgebiete wieder in Richtung Äquator zurück und geben den Weg für Tiefdruckwirbel frei. Es schüttet nicht selten wie aus Kübeln, Gewitter und Stürme toben sich aus, und wer vom warm-gemäßigten Klima der Subtropen ständig frühlingshafte Temperaturen erwartet, wird oft genug durch unangenehm feucht-kühles Wetter enttäuscht, das sich vom „Schmuddelwetter" unserer Breiten wenig unterscheidet.

Klimate mit heißen, trockenen Sommern und kühlen bis milden, feuchten Wintern kommen nur in einem kleinen Ausschnitt der Erdoberfläche vor. Die Zone der subtropischen Winterregenklimate umfasst lediglich rund 2 Prozent der Festländer. Darin liegen allerdings die beliebtesten Urlaubsgebiete unseres Planeten, wie fast der gesamte Mittelmeerraum. In Übersee gehören z.B. Kalifornien, Chile sowie Teile Südafrikas und Australiens zu dieser Zone.

Schattenseiten

Regnerische Wintertage zählen zu den unangenehmen Seiten des mediterranen Klimas, hinzu kommen vor allem die rund 50 verschiedenen, teils stürmischen regionalen Winde, die das Mittelmeer zu einem ausgesprochen rauen Gewässer machen.

Die Etesien, sommerliche Nordwestwinde in der Ägäis, haben dem Etesienklima des östlichen Mittelmeers ihren Namen gegeben. Sie erreichen meist nur mittlere, zum Segeln gut geeignete Windstärken. Der Schirokko, ein heißer Südwind aus der Sahara, trübt die Luft durch den mitgeführten Wüstenstaub, äußerst ungemütlich wird es jedoch auf See und Land bei plötzlichen Kaltluftvorstößen aus nördlichen Breiten, wie bei der Bora, einem kalten Fallwind in der Adria, oder dem Mistral, der sich durch die schmale Schneise zwischen den Pyrenäen und den Alpen zwängt. Er macht den Löwengolf zu einem der sturmreichsten Meeresgebiete der Erde.

Wo die Sonne nicht überwintert

In der Reisebranche scheut man sich aus naheliegenden Gründen mitunter nicht davor, das Klima einer Region allzu positiv darzustellen, wie in dem auf die Insel Mallorca gemünzten Slogan „Wo die Sonne überwintert“. Dabei hat die größte der Balearen ein lehrbuchreifes Winterregenklima: In dem Gebirge an der Nordwestseite der Insel regnet und schneit es im Jahresdurchschnitt beispielsweise so viel wie im Oberharz, allerdings fast ausschließlich in den kühleren Jahreszeiten. Es war also gewiss kein Zufall, dass Frédéric Chopin, der den Winter 1838/39 auf Mallorca verbrachte, ausgerechnet dort sein „Regentropfenprélude“ komponierte …

Klima und Küche

Die Mittelmeerländer werden auch dem „Olivenklima“ zugeordnet. Der Ölbaum, der sich mit seinen kleinen, von einer Lackschicht überzogenen Blättern der hochsommerlichen Sonnenstrahlung hervorragend angepasst hat und schon seit Jahrtausenden kultiviert wird, ist in der Tat die charakteristischste mediterrane Pflanze – wenngleich man das mediterrane Klima auch gut „Rebenklima“ nennen könnte, erfüllt es doch die Ansprüche, die der Rebstock stellt: warme, sonnige Sommer und nicht allzu viel Feuchtigkeit. Und ein dritter Botaniker würde sich vielleicht für „Oregano–“, „Rosmarin-“ oder „Thymianklima“ entscheiden, denn die beliebten Gewürzpflanzen vermeiden im heißen Sommer überflüssige Wasserverluste. Nur selten ist der Weg, der vom Klima zur Küche führt, so kurz und geradlinig wie im Mittelmeerraum.

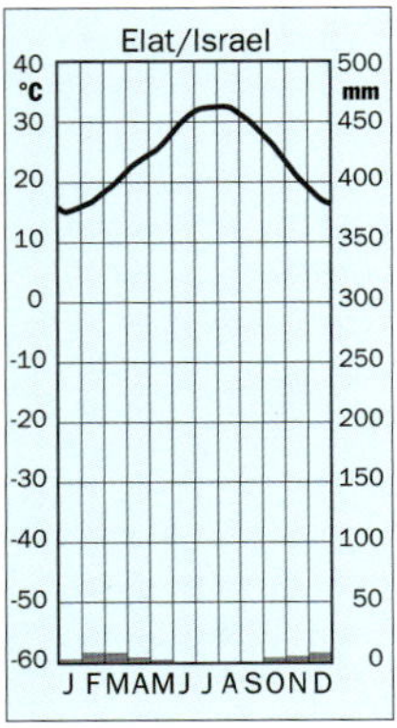

Wüste oder nicht?
Was in Australien oder Nordamerika „Desert" heißt, zählt in der Regel zur Trockensteppe oder -savanne, allenfalls zur Halbwüste. Zur echten Vollwüste wird eine Landschaft erst, wenn sie fast völlig kahl ist und sich die höhere Flora in eng begrenzte Bereiche mit besserer Wasserversorgung zurückzieht, wie hier in eine Flussoase am Nordrand der Sahara.

Von der Steppe zur Wüste

Über den gesamten Erdball verteilt fallen pro Jahr im Mittel rund 1100 Liter Regen oder Schnee auf jeden Quadratmeter Meer oder Land – eine stattliche Menge, die den durchschnittlichen Jahresniederschlag Mitteleuropas um gut 30 % übertrifft. Trotzdem herrscht auf mindestens einem Drittel der Erdoberfläche ein trockenes oder arides (lat. *aridus* = trocken) Klima mit jährlichen Niederschlagsmengen, die nur einen kleinen Bruchteil des globalen Mittelwerts ausmachen. Die Trockengebiete erstrecken sich dabei von den Tropen über die Subtropen und die mittleren Breiten bis in die Polarkappen, wo es z.B. in den Trockentälern der Antarktis wahrscheinlich schon seit etlichen Millionen Jahren nicht mehr geregnet hat.

Die Grenze eines Trockengebiets ist erreicht, wenn der gesamte Jahresniederschlag von der Verdunstung aufgezehrt wird. Da die Verdunstung hauptsächlich von der Temperatur abhängt, muss die Niederschlagsmenge, unterhalb derer ein Klima als arid gilt, weltweit erheblich schwanken. In den äquatornahen bis mittleren Breiten der Erde zieht man die untere Grenze meist bei 200 Litern Niederschlag pro Quadratmeter und Jahr. Dort wird der Wassermangel für die Flora zum beherrschenden Faktor. Bäume, die viel Wasser

Bewässerung – kein Patentrezept
Die Böden der Trockengebiete enthalten häufig reichlich mineralische Nährstoffe. Pflanzen würden bei den warmen Temperaturen üppig gedeihen, wenn sie nur ausreichend mit Wasser versorgt würden. Darum liegt es nahe, durch künstliche Bewässerung selbst ödeste Wüsten in blühende Gärten zu verwandeln. Das wird seit Jahrtausenden praktiziert, teils mit Erfolg, teils aber auch mit verheerenden Folgen für die Umwelt.

Meist wird das rare Wasser nur umverteilt; entnimmt man am Oberlauf der Flüsse Wasser für Bewässerungszwecke, so fehlt es zwangsläufig am Unterlauf. Beispiel: der Aralsee, der seit Jahrzehnten schrumpft und zu einer durch Agrarchemikalien verseuchten Kloake verkommen ist. Die Entnahme aus Grundwasserspeichern ist auch keine dauerhafte Lösung, denn irgendwann werden die fossilen Reserven erschöpft sein – im Jemen etwa muss man mittlerweile über 400 m tiefe Brunnen bohren, um an die letzten Tropfen zu gelangen. Zuletzt besteht bei der Bewässerung das Risiko, dass sich durch Verdunstung die gelösten Salze in der Bodenkrume ablagern – die Folge: Bodenversalzung.

benötigen, werden immer seltener, dafür prägen niedrige Sträucher, Kräuter und Gräser das Bild der Steppen und Savannen, bis auch für die anspruchslosesten Gewächse das Wasser zu knapp wird und jenseits der Halbwüste die Vollwüste beginnt.

Wassermangel

Niederschlagsarmut hat im Wesentlichen zwei Ursachen: Entweder bilden sich in dem betreffenden Trockengebiet keine Wolken, aus denen Regen und Schnee fallen kann, oder es liegt im Regenschatten hoher Gebirge, an denen die Wolken aufsteigen und die mitgeführte Feuchtigkeit abgeben. Die erste Ursache gilt vor allem für die beiden Trockenzonen, die sich ungefähr an den Wendekreisen um die Erde erstrecken und mit der Sahara oder den Wüsten Arabiens die ausgedehntesten Trockengebiete umschließen. In ihnen herrscht hoher Luftdruck, der regenbringende Tiefdruckgebiete fernhält, außerdem können bei den absinkenden Luftströmungen im Kern der Hochdruckgebiete keine Wolken entstehen. In den Küstenwüsten wird diese Tendenz noch durch kalte Meeresströmungen verstärkt (S. 111). Leewüsten nehmen hauptsächlich küstenferne Binnenländer, etwa in Zentralasien, ein, sind aber auch an den Rändern der Kontinente und auf Inseln zu finden, wo hohe Gebirgsbarrieren die Zufuhr feuchter Luft blockieren, wie die Kordilleren nahe der Pazifikküste Nord- und Südamerikas.

Heiß und nass

Über Singapur wurden gelegentlich Polarlichter beobachtet, polare Temperaturen sind in der Millionenstadt an der Südspitze der Malaiischen Halbinsel hingegen absolut unbekannt. Die mittleren Lufttemperaturen schwanken dort von Monat zu Monat zwischen 26 und 28 °C, als „Kälterekord“ sind in der Klimastatistik

Überreichlich Wasser
Im Westen des Amazonastieflands fallen im Jahresdurchschnitt rund 3000 Liter Regen auf jeden Quadratmeter Erdboden, in nassen Jahren auch die doppelte Menge. Die Flüsse können in den Hauptregenzeiten die Wassermassen nicht schnell genug ableiten, und es kommt in den Auen zu meterhohen Überschwemmungen, wie hier am Río Napo.

knapp 19 °C verzeichnet. Singapur liegt damit eindeutig innerhalb der Zone der tropischen A-Klimate, in denen kein Monat kälter als 18 °C ist und die fast über einem Viertel der Festländer herrschen. Mit 2400 Liter Regen pro Quadratmeter und Jahr, recht gleichmäßig über alle Monate verteilt, gehört das Klima des südostasiatischen Stadtstaats außerdem zum immerfeuchten Tropenklima (Af-Klima), dem als natürliche Vegetation der tropische Regenwald entspricht.

Im gut eine Flugstunde entfernten Bangkok fallen im Jahresdurchschnitt etwa 1000 Liter weniger Regen, und die Wintermonate liegen dort, gemessen am Verhältnis zwischen Temperatur und Niederschlag, klar unterhalb der Trockenheitsgrenze. Damit ist die Linie zwischen dem ständig feuchten Af- und dem wintertrockenen Aw-Klima überschritten. Die immergrünen tropischen Regenwälder gehen zunehmend in Wälder über, die ihr Laub ganz oder teilweise abwerfen. Bald reichen aber die Regenmengen für Bäume nicht mehr aus, und Savannen, die tropischen Grasländer mit ein-

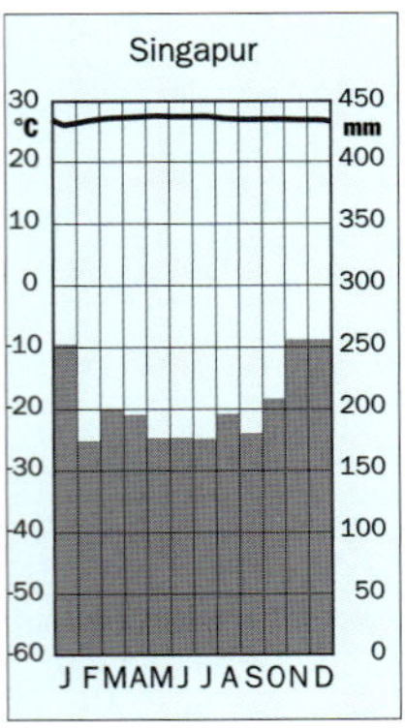

gestreuten Gehölzen, bedecken, dem wechselfeuchten Tropenklima angemessen, das ganze Land.

Monsune

Die Grenzen der tropischen Regenklimazone decken sich nicht überall mit den Wendekreisen, den polwärtigen Grenzen der Tropen. Vor allem in Südasien herrscht bis weit über den nördlichen Wendekreis hinaus ein tropisches Klima mit sintflutartigen Regengüssen im Sommer und längeren Trockenzeiten im Winter. Nach dem arabischen Wort *mawsim* (= Jahreszeit) wird diese Klimavariante, die sich durch die jahreszeitliche Umkehr der Hauptwindrichtungen (verbunden mit Kälte- und Hitzewellen) auszeichnet, Tropisches Monsunklima genannt. Im Winter baut sich über dem kalten Zentralasien ein kräftiges Hochdruckgebiet auf, aus dem kühltrockene Winde über den Himalaya südwärts wehen. Im Sommer jedoch wird der Kontinent stark erhitzt, über Mittel- und Südasien fällt der Luftdruck, die Tiefdruckrinne beiderseits des Äquators wandert nach Norden und saugt vom Indischen Ozean her feucht-warme Luftmassen an, die nordwärts strömen und Indiens Südspitze ab dem 1. Juni gewittrige Regengüsse bringen.

Artenreichtum und Klima

Die tropische Pflanzen- und Tierwelt zeichnet sich durch eine überwältigende Artenvielfalt aus. Kaum berührte Naturreservate von der Größe Thüringens beherbergen nicht selten 4000–6000 verschiedene Blütenpflanzenarten, weit mehr als die gesamte Flora Mitteleuropas. Dieser Artenreichtum hängt zweifellos mit dem tropischen Klima zusammen, doch was im Einzelnen die Entwicklung und den Erhalt so vieler Arten begünstigt, ist noch umstritten.

Manche Experten halten den über Jahrmillionen hinweg sehr ausgeglichenen Charakter des tropischen Klimas für den entscheidenden Faktor. Für andere ist gerade die starke Zergliederung der Regenwälder in zahlreiche ökologische Nischen mit jeweils eigenem Mikroklima ausschlaggebend. Und die dritten sehen die Artenvielfalt als Ergebnis der besonderen Klimageschichte der Tropen während des Eiszeitalters. Vor rund 18 000 Jahren war das Klima beiderseits des Äquators wahrscheinlich trockener als heute und der Regenwaldgürtel durch Savannenstraßen in isolierte Vegetationsinseln aufgelöst.

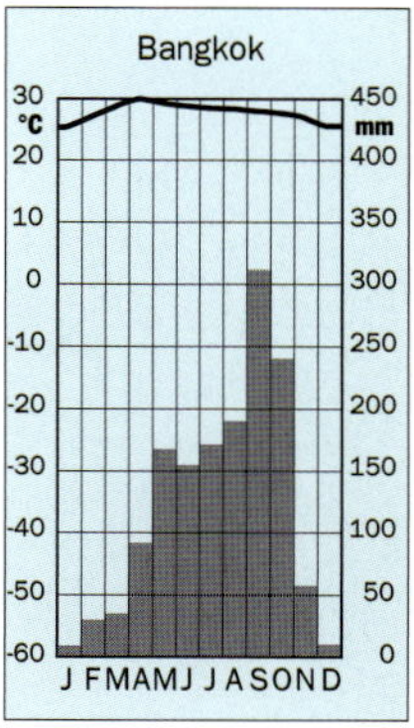

Sommerwetter im Winter

In den Tropen fällt der meiste Regen in der Regel im Sommer der betreffenden Erdhalbkugel, wenn die Sonne am höchsten über den Horizont aufsteigt. Der Winter ist dort fast immer die trockenere Jahreszeit mit viel Sonnenschein und angenehmen Temperaturen.

Labiles Fundament
Die unterschiedlichen Wärmeeigenschaften von Land und Meer werden oftmals in der Bewölkung sichtbar. Im Sommer erhitzt sich der Erdboden bei Sonneneinstrahlung sehr stark, das Temperaturgefälle wächst mit zunehmender Höhe, die Schichtung der Luftmassen wird labil, und bald türmen sich über dem Land hohe Quellwolken auf. Im Winter ist das im Vergleich zum Land wärmere Meer dagegen häufig das labile Fundament, das die Bildung von Wolken fördert, wie hier einer markanten Ambosswolke.

Ausgeglichene Verhältnisse

Fast drei Viertel der Erdoberfläche sind von Wasser bedeckt. Zu den Eigenarten des Wassers, die sich auch im Wetter und Klima widerspiegeln, gehört die Tatsache, dass es seine größte Dichte bereits bei 4 °C erreicht, mit weiterer Abkühlung leichter wird und sich kräftig ausdehnt, wenn es bei 0 °C zu Eis erstarrt. So kommt es beispielsweise zur Frostsprengung, die das Gestein in kalten Klimazonen zermürbt. Im Unterschied zu fast allen flüssigen und festen Stoffen muss man darüber hinaus einer bestimmten Wassermenge ungewöhnlich viel Wärme zuführen, um ihre Temperatur um nur 1 Grad zu erhöhen, nahezu fünfmal so viel wie beim Erdboden. Darum erwärmen sich die Gewässer – von den Ozeanen über die Binnenseen bis zum winzigen Gartenteich – durch die Sonneneinstrahlung langsamer als benachbarte Landflächen, kühlen sich allerdings auch wieder langsamer ab.

Das Klima der offenen Ozeane, der Inseln und Küsten ist daher von den Temperaturen her sehr ausgeglichen. Die Sommer sind kühler und die Winter milder als im küstenfernen Binnenland, zudem werden extreme Temperaturschwankungen zwischen Tag und

Nacht durch Wärmeaufnahme bzw. -abgabe der Wassermassen gedämpft. Auf der anderen Seite gelten ozeanische Klimate als stürmisch, regen- und wolkenreich, was sich allerdings nicht durchweg bewahrheitet, beispielsweise zählen die beiden deutschen Ostseeinseln Fehmarn und Rügen mit durchschnittlich fast 2000 Stunden Sonnenschein pro Jahr zu den sonnenscheinreichsten Gegenden des Landes.

Lob der Nachsaison
Die Wassermassen der Ozeane erwärmen und kühlen sich im Lauf der Jahreszeiten viel langsamer ab als der Erdboden der Festländer. Dadurch verschieben sich die wärmsten bzw. kältesten Zeiten des Jahres an den Küsten und auf den Inseln im Vergleich mit dem benachbarten Binnenland meist um mehrere Wochen auf spätere Termine. Im norddeutschen Binnenland ist z.B. der Juli der durchschnittlich wärmste Monat, an der Nordseeküste dagegen der August. Spätsommer und Frühherbst sind daher hier die für den Badeurlaub günstigsten Jahreszeiten.

Meeresströmungen

Wegen der geringeren Reibung der Luftströmungen an den ebenen, elastischen Wasserflächen ist der Wind jedoch im Allgemeinen stärker als im Landesinnern. Und gerade bei stabilen Hochdruckwetterlagen, unter denen sich landeinwärts meist kein Lüftchen regt, kommt es am Meer zum tageszeitlichen Wechsel von Land- und Seewind, der ebenfalls auf dem unterschiedlichen Wärmeverhalten von Wasser und Erdboden beruht. Im Lauf des Tages erwärmt sich das Land bei starker Sonneneinstrahlung rasch, die Luft steigt dort auf und es bildet sich ein seichtes Hitzetief; über dem kühlen Meer entsteht dagegen durch die absinkende Luft ein Gebiet höheren Luftdrucks. Der Seewind, der in Bodennähe vom Meer zum Land weht, sorgt für den Ausgleich der Luftdruckunterschiede. Nachts sind die Luftdruckverhältnisse genau umgekehrt.

Die ozeanische Klimaanlage
Oberflächennahe Meeresströmungen werden hauptsächlich von den großräumigen Luftströmungen über den Meeren angetrieben und sind daher eng mit den Vorgängen innerhalb der Erdatmosphäre verknüpft. Umgekehrt prägen diese gewaltigen Strömungen, von denen jede einzelne mindestens 100-mal mehr Wasser verfrachtet als der Amazonas, auch das Klima der Erdteile. Mit dem Wasser wird nämlich zugleich Wärme bzw. Kälte sowie Feuchtigkeit über den Planeten transportiert.

Der Golfstrom z.B. befördert in jeder Sekunde mindestens 50 Millionen m^3 warmes Wasser aus den Subtropen quer durch den Atlantik nach Norden. Durch diese enormen Wärmemengen wird die Oberflächentemperatur des Nordatlantiks in den meisten Bereichen um etwa 5 Grad erhöht. Mit dem warmen Wasser gelangt gleichzeitig Feuchtigkeit in die höheren Breiten, verwandelt sich dort in Schnee und ernährt so unter anderem die riesigen Gletscher Grönlands und Islands.

Rauchender Berg?
An hohen Bergen, hier der 8571 m hohe Lhotse, ein Nachbar des Mount Everest, ist oft zu beobachten, dass eine Seite des Berges im Sonnenlicht liegt, während die andere von Wolken verhüllt wird, deren Formen sich ständig verändern. Von ferne sieht es so aus, als ob der Berg rauchen würde. Das Phänomen hat mit den heftigen Winden in großen Höhen zu tun. Sie erzeugen im Windschatten des Berges Unterdruck, der feuchtere Luft aus tieferen Lagen ansaugt. Der in ihr enthaltene Wasserdampf kondensiert in der Höhe zu Wolkentröpfchen.

Klimascheiden mit besonderem Charakter
Gebirge, die höher als 1000 m ü.d.M. aufragen, nehmen ganze 8 % der Erdoberfläche ein. Ihr Einfluss auf Wetter und Klima reicht jedoch wesentlich weiter. Der Skandinavien-Föhn im Lee der norwegischen Hochgebirge macht sich z.B. an manchen Tagen bis an die deutsche Ostseeküste hin bemerkbar, und ohne die Alpen als Klimascheide wäre das Klima weiter Teile Europas zweifellos völlig anders.

Zudem besitzen Hochgebirge ihr eigenes Klima, das sich von dem des jeweiligen Umlands klar unterscheidet und vor allem dadurch gekennzeichnet ist, dass sich die Wetterelemente zur Höhe hin rasch ändern: Der Luftdruck sinkt mit jedem Höhenmeter, der Niederschlag steigt (jedenfalls bis zu einer bestimmten Höhe), Wind und UV-Strahlung werden stärker, während der Wasserdampfgehalt und die Lufttemperatur bergwärts rasch abnehmen.

Auf dem Temperaturgefälle beruht die Gliederung der Hochgebirge in verschiedene Klimastockwerke, die bei den tropischen Gebirgen von der *Tierra caliente*, dem „heißen Land“ unterhalb von etwa 1000 m ü.d.M., über drei weitere Etagen mit gemäßigten und mittleren Temperaturen bis hin zur *Tierra nevada*, dem „verschneiten Land“ der allerhöchsten Gipfel, reicht. Bei den Gebirgen der mittleren und höheren Breiten lassen sich im Allgemeinen nur drei Stockwerke klar erkennen. Sie werden durch die Wald- bzw. Baumgrenze und die klimatische Schneegrenze voneinander geschieden.

Berg- und Talwindzirkulation

Eine Eigenart sämtlicher Hochgebirge ist die Berg- und Talwindzirkulation, ein Luftmassenkreislauf, der ähnlich wie die Land- und Seewindzirkulation (S. 91) an den Küsten funktioniert. Nach Sonnenaufgang steigt die erwärmte, leichtere Luft über den besonnten Berghängen als schwacher Hangaufwind empor. Im Lauf des Vormittags entsteht der Talwind, eine talaufwärts gerichtete Strömung, die die an den Hängen aufgestiegenen Luftmassen ersetzt. Er weht meist nur als schwache Brise, kann sich jedoch in engen Tälern auf höhere Windstärken steigern. Nachts kühlt sich die Luft auf den Höhen ab, wird folglich schwerer und strömt als kühlerer Hangabwind bzw. Bergwind in die tieferen Lagen. Die Berg- und Talwindzirkulation ist bei ruhigem Hochdruckwetter mit kräftiger Sonneneinstrahlung am besten entwickelt und gilt daher als Zeichen für schönes, beständiges Wetter.

Krank durch dünne Luft

Die rasche Abnahme des Luftdrucks zur Höhe hin hat für Menschen und Tiere die dramatischsten Folgen, denn mit dem fallenden Druck schwindet auch der Anteil, den der lebensnotwendige atmosphärische Sauerstoff zum Gesamtdruck des Gasgemisches beisteuert: Der Sauerstoffgehalt sinkt rapide, die Luft wird immer „dünner". Verglichen mit dem Meeresniveau enthält sie z.B. auf den höchsten Alpengipfeln nur noch etwa halb so viel Sauerstoff, auf dem Gipfel des Mount Everest (8850 m ü.d.M.) lediglich ein knappes Drittel – für fast alle Menschen bedeutet ein Aufenthalt in dieser Höhe den sicheren Tod.

Die ersten Anzeichen der Höhenkrankheit wie Kopfschmerzen oder Übelkeit treten bereits jenseits der 2000-m-Höhenlinie auf. Bis etwa 4000 m Höhe kann sich der menschliche Organismus z.B. durch die zusätzliche Bildung roter Blutkörperchen an den Sauerstoffmangel mehr oder weniger gut anpassen, doch ab 4000 m ist verstärkt mit schweren Symptomen wie Lungen- und/oder Hirnödemen, Thrombosen und Lungenembolien zu rechnen – aus der „Todeszone" oberhalb von 7000 m kehren ohne Unterstützung durch Sauerstoff aus der Flasche nur „Ausnahmebergsteiger" wie der Südtiroler Reinhold Messner heil zurück.

Das sicherste Mittel gegen die Höhenkrankheit (jedenfalls unterhalb von etwa 5000 m) ist der langsame Aufstieg. Mehr als 300, maximal 500 Höhenmeter pro Tag sollten es nicht sein. Sinnvoll ist eine mehrtägige Pause an der unteren Grenze der kritischen Zone. Vorbeugend wirken auch eine kohlenhydratreiche Kost (weil bei der Verdauung von Fett und Eiweiß mehr Sauerstoff verbraucht wird) und viel Flüssigkeit – die Faustregel: Oberhalb von 2000 m pro 1000 Höhenmeter täglich 1 Liter zusätzlich trinken!

Macht Stadtluft frei?

In der Schweiz und in Österreich leben beinahe zwei Drittel der Einwohner in Städten, in Deutschland sogar mehr als vier Fünftel. Für die Mehrheit ist daher das Stadtklima das Klima, das sie am eigenen Leibe spüren. Es besitzt einerseits die Merkmale jenes Klimas, das in der betreffenden Klimazone herrscht, unterscheidet sich andererseits in einigen wichtigen Punkten klar vom Klima des jeweiligen Umlands:

- Stadtluft enthält im Vergleich zum Umland weit mehr gasförmige Verunreinigungen und feste Partikel wie Staub und Ruß. Bei ruhigem Wetter hüllen sich Städte daher oft in gelblich-braunen trockenen Dunst.
- Die in der Luft schwebenden Partikel fördern als Kondensationskerne die Entstehung von Wolken, die durch aufsteigende Luftströmungen noch verstärkt wird. Im Jahresmittel ist deshalb die Bewölkung über Städten dichter als über dem Umland, sehr große Städte verzeichnen außerdem 5–10 % mehr Regentage, die Zahl der sommerlichen Gewitter ist ebenfalls größer. Nebel bildet sich dagegen seltener, und durch die höheren Temperaturen fällt weniger Schnee.
- Obwohl wegen der dichteren Bewölkung und der Dunstglocke die Sonnenscheindauer und Sonnenstrahlung geringer als im Umland sind, steigen die Lufttemperaturen vom Umland zur City hin deutlich an, 4–5 Grad sind keine Seltenheit, in Winternächten können es auch einmal 10 Grad sein. Der Charakter der Städte als „Wärmeinseln" beruht in erster Linie auf der verringerten Wärmeabstrahlung in der getrübten Luft (die Dunstglocke verstärkt den natürlichen Treibhauseffekt) sowie der Wärmeabgabe durch Gebäudeheizung und Verkehr.
- Die mittleren Windgeschwindigkeiten sind in den Städten meist

Rückkehr der Flechten
Flechten reagieren sehr empfindlich auf Luftverunreinigungen, vor allem auf Abgase, die Säuren bilden. In den Zeiten stärkster Luftverschmutzung gab es deshalb in den Zentren unserer Großstädte praktisch keine Flechten mehr. Seit einigen Jahren sinkt der Ausstoß von Schadstoffen wie Schwefeldioxid oder Ammoniak, und die Flechten kehren nun allmählich wieder in die Städte zurück.

geringer als im Umland, oft stagniert die Luft in den engen Häuserschluchten, was zu weiterer Luftbelastung führt. Auf der anderen Seite ist der Wind im Stadtinnern generell böiger, und bei bestimmten Windrichtungen wird er durch Düseneffekte zwischen den Häuserfronten verstärkt. In US-amerikanischen Städten, die fast ausnahmslos auf einem annähernd Nord-Süd bzw. West-Ost ausgerichteten Schachbrettgitter angelegt wurden, sind deshalb die kalten Nordwinde im Winter sehr unangenehm. Bei ruhigen Hochdruckwetterlagen kann sich andererseits eine vom Umland zur City gerichtete Strömung entwickeln, die dem Talwind (S. 93) in den Hochgebirgen gleicht.

Am Wochenende schlechteres Wetter?

Diese bittere Erfahrung hat jeder Berufstätige in seinem Leben wahrscheinlich schon öfters gemacht: Von Montag bis Freitag herrscht schönstes Wetter, man freut sich auf das Wochenende, auf eine Radtour oder einen Grillabend – doch daraus wird nichts, weil es am Wochenende regnet. Nach Ansicht US-amerikanischer Forscher lassen sich solche persönlichen Wettererfahrungen durchaus statistisch bestätigen, und sie liefern auch gleich eine Erklärung des frustrierenden Phänomens: An den Werktagen, wenn Industrie und Verkehr auf Hochtouren laufen, wird die Luft über den Großstädten zunehmend mit Schmutzpartikeln belastet, die als Kondensationskerne die Wolkenbildung fördern. Am Wochenende ist die kritische Schwelle überschritten, es kommt zu Regengüssen, die den Partikelgehalt der Luft verringern und so zu Beginn der nächsten Woche wieder für schönes sonniges Wetter sorgen.

Es kann freilich auch genau umgekehrt sein, wie Untersuchungen in Paris zeigten. Dort sind an Werktagen die Niederschläge häufiger als an Wochenenden, wenn die Arbeit in der Industrie ruht. Eine allgemeingültige Regel über das Wochenend-Wetter in den großen Städten lässt sich also nicht ableiten; man könnte sie ohnehin nur auf Zeiten mit ruhigem Hochdruckwetter anwenden.

Luftbad
„Hundewetter“ als Medizin: Ein Spaziergang an einem stürmischen Tag mit Schneeregen. Die kühl-feuchte Luft in Verbindung mit dem Wind regt durch mäßige Kältereize den Kreislauf an und härtet den Organismus ab, was wiederum die Anfälligkeit gegenüber Infekten und die Neigung zu Erkrankungen der Atemwege wie Bronchitis und Asthma vermindert. Luftbäder gehören deshalb seit Jahrzehnten in den heilklimatischen Kurorten und Seebädern zu den erfolgreichsten Formen der Therapie.

Nutzen und Leiden

Das Verhältnis zwischen Mensch und Wetter ist zwiespältig. Auf der einen Seite versuchen Menschen seit jeher, sich mit den verschiedensten Mitteln vor den unangenehmen und schädlichen Seiten des Wetters zu schützen – der Regenschirm, die Windjacke, die Sonnencreme oder die Sonnenbrille sind dafür einige Beispiele. Auf der anderen Seite treibt es die Menschen ins Freie, um „schönes Wetter“ zu genießen – selbst mit dem Risiko von Sonnenbrand und Hitzschlag.

Die Forschungsergebnisse der Biometeorologie und Bioklimatologie – Wissenschaften, die sich mit den Einflüssen von Wetter und Klima auf die Lebewesen, speziell den Menschen, beschäftigen – belegen die günstigen Auswirkungen der Wetterelemente auf den Organismus: Die Lufttemperatur regt zusammen mit Wind und Verdunstung den Kreislauf und den gesamten Stoffwechsel an, die ultraviolette Strahlung greift in den Vitaminhaushalt ein. Meist genügen schon ein paar Stunden Sonnenschein, um die in den trüben Jahreszeiten verbreiteten Winterdepressionen und Schlafstörungen zu vertreiben. Und die hartnäckigste Frühjahrsmüdigkeit verfliegt, wenn der April mit kühlen Windböen und erfrischenden Regenschauern den Organismus wieder in Schwung bringt.

Dem stehen aber Leiden entgegen, die offenbar auf Einflüsse des Wetters zurückgehen und bei bestimmten, individuell unterschiedlichen Wetterlagen das Wetter für mindestens jeden dritten Mitteleuropäer zur Qual werden lassen. Die so genannte Wetterfühligkeit äußert sich in einer Vielzahl von Symptomen, unter anderem mit Abgeschlagenheit, Kopfschmerzen, Schwindelanfällen, Angstzuständen und Konzentrationsschwäche. Insgesamt beschreibt die Fachliteratur über 40 Symptome. Die Reaktionen können je nach Wetterlage von Mensch zu Mensch völlig entgegengesetzt sein: Der eine leidet, der andere ist in Hochstimmung, wie beim Föhn (S. 124), der sogar rauschartige Zustände hervorrufen kann.

Wetterfühligkeit

Die Ursachen der Wetterfühligkeit sind noch weitgehend unbekannt. Sicher ist, dass sich vor allem Schwankungen der Wetterelemente, etwa der Lufttemperatur, des Luftdrucks oder der Luftfeuchte, ungünstig auswirken, insbesondere bei Menschen, deren Widerstandskraft geschwächt ist oder die bereits unter Krankheiten leiden. Die Forschung untersucht derzeit die so genannten Sferics, unsichtbare elektrische Entladungen innerhalb der Atmosphäre, die nachweislich die Gehirnströme verändern und bei wetterfühligen Menschen Migräneanfälle auslösen können.

Die Symptome der Wetterfühligkeit können nicht nachhaltig gelindert werden, indem man sich möglichst perfekt vor dem Wetter schützt oder zu Medikamenten greift. Im Gegenteil sollte man sich gezielt jedem Wetter im Freien aussetzen, um so den Organismus an die natürlichen Wetterreize zu gewöhnen und ihn „wetterfester“ zu machen. Dazu trägt schon regelmäßige Gymnastik am offenen Fenster bei.

Sonnenbad
Angesichts des „Ozonlochs“ (S. 176) und der stärkeren Belastung durch ultraviolette Strahlen ist ein Sonnenbad am Strand kein unbeschwerter Genuss mehr. Die Strahlung der Sonne hat auf der anderen Seite aber viele positive Auswirkungen und wird daher bei der Heliotherapie eingesetzt, unter anderem zur Behandlung mancher Hautleiden oder rheumatischer Erkrankungen. Wie bei jeder anderen Therapie kommt es auch beim Sonnenlicht auf die richtige Dosis an.

Wetterempfindlichkeit

Wetterfühligkeit könnte man als subjektiv empfundenen „Wetterstress" bezeichnen; wirken sich die Wetterreize stärker auf den Organismus aus und lässt sich statistisch ein Zusammenhang zwischen bestimmten Wettertypen und dem Auftreten bzw. der Häufigkeit chronischer Krankheiten und von Komplikationen nach Operationen nachweisen, dann ist das Stadium der Wetterempfindlichkeit erreicht. Die Liste der so genannten meteorotropen Leiden, also der Krankheiten, die höchstwahrscheinlich vom Wetterablauf beeinflusst werden, ist lang und umfasst keineswegs nur Erkältungskrankheiten, die bereits im Namen den Zusammenhang mit dem Wetter verraten.

Ohne in jedem Fall die direkten kausalen Verknüpfungen im Einzelnen zu kennen, lassen sich viele Krankheiten und Gesundheitsprobleme den Phasen des für Mitteleuropa typischen Wetterzyklus (S. 78) zuordnen (rechts eine Auflistung). Dabei gibt es zwei besonders kritische Phasen: den Durchzug einer Warmfront und die darauf folgende Ankunft der Kaltfront. Auf beide Wetterereignisse reagieren die Menschen ganz unterschiedlich: Die einen gehören von ihrer Wetterfühligkeit und -empfindlichkeit her zum Warmfronttyp, die anderen mehr zum Kaltfronttyp.

Warmfronttyp
Beim Durchzug einer Warmfront verfinstert sich der Himmel, gleichzeitig klagen manche Menschen über Kopfschmerzen und Schlafstörungen, und das Risiko wächst, beispielsweise an Blinddarmreizungen, Blutungen, Schlaganfällen und Thrombosen zu erkranken. Auch Infektionskrankheiten häufen sich, und die Zahl der Patienten, die in Kliniken eingeliefert werden müssen, steigt merklich an.

Kaltfronttyp
Wenn sich am Himmel mächtige Haufenwolken, oft verbunden mit Gewitter und Sturm, entwickeln, ist nicht nur die Schichtung der Atmosphäre labil. Kreislaufprobleme machen vielen Menschen zu schaffen, Herzinfarkte nehmen zu, ebenso werden Koliken und Krämpfe, Asthmaanfälle und Embolien häufiger. Insgesamt gilt diese Wetterphase als die medizinisch gefährlichste des Wetterzyklus.

Wetterphase	1	2	3	4			5		6/1	
Lufttemperaturen	warm					gemischt		kalt		
Angina pectoris	+		+			I		●	●	
Appendizitis				○	●				○	
Apoplexie				I	I			●	○	
Blutungen		●		○	●	I				
Bronchitis		○					○			
Diabetes				I				●		
Embolie		I	+	●	●	●	○	○	I	I
Entzündl. Prozesse					●	○	I			
Erkält. Krankheiten	○	I			○					
Epilepsie								●	I	
Frühgeburt					I			○		
Glaukom				I	●		I	○		I
Herzinsuffizienz	I				●			●		+
Herzinfarkt	+	○		●	●	●	○	○	I	+
Herztod					I	○	○	●		+
Hypertonie				+	+	○		●	●	
Hypotonie		○	●	○	●			+		I
Koliken, Krämpfe							○	●	●	I
Kopfschmerz		○		○	●		○	○		I
Magenperforation					○	○	○	●		
Migräne	I	I	○	●				I		
Neurosen			●	○	●	○				
Pneumonie				○						
Psych. Depression				○	●	●				
Reaktionszeit verringert		I	+	●	●		●	○		+
Reizbarkeit		●		○	○					
Rheumatoide Arthritis							○	○	●	
Schizophrenie		●	○	●	○					
Schlafstörungen		●			●	●		○	+	+
Spasmen		●			○			●	+	
Stumpfschmerzen				○	●			●	○	
Subjekt. Beschwerden		●			○	●				○
Suizid		○		○	●					I
Thrombosen		I		●	●	I				
Unfallbereitschaft		I		●	●	●	I		○	+

Statistischer Zusammenhang:

● gut gesichert | Trend
○ gesichert + günstiger Einfluss

Krankheiten aus dem Süden
Zahlreiche Krankheiten, in erster Linie die Infektionen, sind eng mit dem Wetter bzw. Klima verknüpft. Hier stellt sich die Frage, ob sich mit der zunehmenden Erwärmung der Erdatmosphäre manche typischen Tropenkrankheiten bis in die mittleren Breiten der Erde ausbreiten könnten – beispielsweise die Malaria, die heute in rund 100 Ländern vorkommt und alljährlich schätzungsweise 3 Millionen Todesopfer fordert. Ihre Erreger als auch die Mücken, die sie übertragen, benötigen für ihre Entwicklung Mindesttemperaturen um 15 °C, die z.B. in Mitteleuropa leicht erreicht werden. Schon um 10 Grad höhere Temperaturen können die Vermehrungsrate der Erreger mehr als verdoppeln ...

Pollen

„Schwefelregen" fällt nur in der warmen Jahreszeit. Er enthält auch keinen Schwefel, sondern seine Spuren sehen lediglich so aus: schwefelgelbe Flecken und Staubschichten, die etwa auf dunklem Autolack deutlich zu erkennen sind. Der Staub besteht aus Pollen, den männlichen Sporen der Samenpflanzen. Die winzigen, maximal bis 0,25 mm großen Pollenkörner werden von den Pflanzen während der Blütezeit in Unmengen produziert und dann mit dem Wind auf eine bis zu 100 km lange Reise geschickt.

Windblütigkeit
Bei vielen Pflanzen erfolgt die Bestäubung der Blüten durch den Wind, der die Pollen auf die Narben bringt. Da die Pflanzen das Ziel des Pollentransports nicht bestimmen können, müssen sie sehr viel Blütenstaub produzieren, wie die windblütigen Gräser. Zur Hauptblütezeit ziehen deshalb oftmals wahre Pollenschwaden über die Wiesen. Rekordverdächtig ist auch die Pollenproduktion des Haselstrauchs: Ein einziges Kätzchen enthält ungefähr 200 Millionen Pollenkörner.

Pollenkörner sind natürliche Bestandteile der Luft, also keine Schadstoffe. Wenn sie auf die Haut und in die Augen gelangen oder eingeatmet werden, hinterlassen sie bei den meisten Menschen auch keine Schäden. Manche Menschen jedoch reagieren auf den Pollenflug anders, nämlich überempfindlich, und zwar mit einer Pollenallergie (griech. *allos* = anders, *ergon* = Handlung). Ihr Immunsystem betrachtet die Blütenstaubkörner als Angreifer und bildet Abwehrkörper. Als Folge der Überreaktion muss alljährlich in Mitteleuropa mindestens ein Zehntel der Bevölkerung am „Heuschnupfen" mit all seinen unangenehmen Begleiterscheinungen wie geröteten Augen oder laufenden Nasen leiden, in wenigstens einem Drittel der Fälle entwickelt er sich weiter zum Heu- oder Pollenasthma.

Der sicherste Weg, Pollenallergien zu entgehen, besteht darin, die Herkunftsgebiete des Blütenstaubs in den betreffenden Jahreszeiten zu meiden. Der Pollenflugkalender (rechts) ist dabei eine wertvolle Hilfe.

Außerdem informieren die nationalen und kommerziellen Wetterdienste regelmäßig über die Pollenbelastung. Erleichterung bringen auch Reisen in pollenarme Gegenden, insbesondere Inseln und Küsten sowie Hochgebirge. Vor Ort bieten Pollenfilter vor den Fenstern oder im Auto einigen Schutz. Da an windigen Tagen der Pollenflug besonders stark ist, empfiehlt es sich nach einem solchen Tag, abends ausgiebig zu duschen und die Haare zu waschen, um die tagsüber aufgenommenen Pollen abzuspülen.

Flugplan für Pollen
Die Blüte der Pflanzenarten, die Pollenallergien verursachen, beginnt teilweise schon im Spätwinter und reicht mitunter bis in den Frühherbst. Am stärksten ist der Pollenflug meist im Mai/Juni, wobei sich die Blütezeiten je nach Region und Jahr jeweils um einige Wochen verschieben können.

Allergikers Alptraum

Bei starkem Pollenflug, besonders zur Blütezeit der Waldbäume, sind mitunter um die Sonne oder den Mond farbenprächtige Lichtkränze zu beobachten. Diese so genannten Pollenkoronen entstehen wie alle Koronen (S. 31) durch Beugung des Lichts an in der Luft schwebenden winzigen Wassertröpfchen oder in diesem Fall an den Blütenstaubteilchen.

	Februar	März	April	Mai	Juni	Juli	August	September
Birke				■				
Buche				■				
Eiche					■			
Erle	■	■						
Esche				■				
Gerste					■			
Glatthafer					■	■		
Goldhafer				■	■			
Hafer						■		
Haselnuss	■	■	■					
Holunder					■	■		
Honiggras					■	■		
Kammgras					■	■		
Kiefer/Pinus				■	■	■		
Knäuelgras				■	■			
Lieschgras					■	■		
Linde					■	■		
Löwenzahn				■				■
Lolch					■	■		
Mais						■		
Pappel		■	■					
Roggen				■				
Ruchgras			■	■	■	■		
Schwingel				■	■	■		
Spitzwegerich				■	■	■	■	
Straußgras					■	■		
Ulme		■	■					
Weide		■	■					
Weizen					■			
Wiesenrispengras				■	■			

■ Hauptblütezeit □ Vor- und Nachblütezeit

Seeluft macht frei
Inseln und Küsten gelten als „Reinluftgebiete", in denen die Luft in der Regel nur einen sehr geringen Anteil fester schwebender Teilchen wie Blütenstaub oder Rußpartikel enthält. Reich ist sie jedoch an winzigen Salzkristallen, die vor allem in der Brandungszone aus dem Meerwasser in die Luft gelangen und den Strand zu einem natürlichen Freiluftinhalatorium machen. Dies wirkt sich vor allem bei Erkrankungen der Atemwege buchstäblich befreiend auf den menschlichen Organismus aus.

Heilklimate

Große Hitze, vor allem verbunden mit hoher Luftfeuchtigkeit, stellt für die meisten Organismen eine erhebliche Belastung dar, ebenso eisige Kälte. Andererseits haben mäßige Wetter- und Klimareize durchaus einen therapeutischen Effekt – eine altbekannte Tatsache, die heilklimatische Kurorte für den von den Vorteilen der „sanften" Medizin überzeugten Patienten so attraktiv macht. Um nach deutschem Recht diese auch wirtschaftlich interessante Qualifikation zu erlangen, muss ein solcher Kurort neben einer geringen Schadstoff- und Wärmebelastung zwei wichtige Bedingungen erfüllen: Die Sonnenscheindauer muss im Jahresmittel mindestens 1500 Stunden betragen, und die Nebelhäufigkeit darf 50 Tage nicht überschreiten. Abseits der großen Industrie- und Ballungsgebiete erfüllen fast alle Orte diese recht großzügig bemessenen Grenzwerte.

Das Hochgebirgsklima wie auch das ozeanische Klima der Inseln und Küsten bieten als typische Reizklimate die gewünschten Reize: am Meer das oft sehr wechselhafte Wetter mit frischen Winden und die gegenüber dem Binnenland größere Strahlungsintensität durch die Reflexion des Lichts an den hellen Sandstränden – auf der anderen Seite verringert an heißen Tagen der kühle Seewind (S. 91) die Wärmebelastung. Hinzu kommt die saubere, von Schadstoffen weitgehend freie, aber mit winzigen Salzpartikeln angereicherte Seeluft. Sie enthält etwa 10-mal so viel Jod wie die Luft über dem Festland, ein Element, das für den Stoffwechsel und den Hormonhaushalt eine wichtige Rolle spielt. Unter anderem bei chronischen Erkrankungen der Atemwege, Hautkrankheiten, Allergien der verschiedensten Art sowie Herz- und Gefäßerkrankungen wirkt sich ein längerer Aufenthalt am Meer günstig aus.

Ähnlich wirkt das Hochgebirgsklima, zuallererst durch Kältereize, hervorragende Luftqualität und intensivere Strahlung. Und die Anpassung an den Sauerstoffmangel der Gebirgsluft (S. 93) führt zu einer allgemeinen Leistungssteigerung – nicht ohne Grund absolvieren Leistungssportler ein Höhentraining.

Ein langes Leben an den Grenzen des Lebens

Mindestens 10 Millionen Menschen leben dauernd in großen Höhen von zum Teil mehr als 5000 m, beispielsweise in den Anden, im Himalaya oder in Tibet. Das extreme Hochgebirgsklima, unter dem die meisten Lebewesen an ihre Existenzgrenzen stoßen, scheint den Hochgebirgsbewohnern nicht zu schaden, im Gegenteil, manche Völker haben eine erstaunlich hohe Lebenserwartung entwickelt, etwa die im Gebirgsknoten von Himalaya, Hindukusch und Karakorum beheimateten Hunza, bei denen man so viele kerngesunde Hundertjährige zählt wie bei kaum einem anderen Volk der Erde.

Die Langlebigkeit hat sicherlich verschiedene Ursachen: sauberes, keimfreies Gletscherwasser, die intensive ultraviolette Sonnenstrahlung, die Bakterien vernichtet, viel Bewegung in steilem Gelände, gesunde Ernährung – und Abhärtung durch ständige Wetterreize. Unter solchen Bedingungen treten gewisse Krankheiten, darunter die Arteriosklerose („Verkalkung"), wesentlich seltener auf als in tieferen Lagen.

Entscheidend dürfte jedoch die Anpassung an den Sauerstoffmangel und die Kälte des Hochgebirgsklimas sein. Gegenüber den Bewohnern des Tieflands enthält z.B. das Blut der Indios in den Hochanden ungefähr 10–20 % mehr rote Blutkörperchen, die für den Sauerstofftransport zu den Organen verantwortlich sind. Mit einem höheren Energieumsatz, größerer Herzleistung und intensiverer Durchblutung der Arme und Beine sind auch die Sherpas im Himalaya besser an die Kälte im Hochgebirge angepasst. Häufig spiegelt sich die Anpassung im Lauf von vielen Generationen schon im äußeren Bild der Menschen wider, unter anderem in der geringeren Körpergröße und dem größeren Brustumfang.

Schonklima

Nicht jeder will sich gezielt stärkeren Wetter- und Klimareizen aussetzen, sondern sucht als Urlaubsziel oder Wohnort eine Gegend, in der das Klima möglichst schonend mit dem Organismus umgeht. Ein solches Schonklima soll in erster Linie schadstoffarme Luft bieten und weder zu heiß noch zu kalt oder zu windig sein, also chronisch kranke, ältere und geschwächte Menschen nicht zu stark belasten.

Das gemäßigte Klima Mitteleuropas präsentiert sich am ausgeglichensten im norddeutschen Binnenland, in den Mittelgebirgen zwischen etwa 200 und 600 m Meereshöhe sowie im Alpenvorland – tiefere Täler und Senken, die im Winter häufiger von Nebel verhüllt werden und in denen im Sommer heiße, ozonbelastete Luft stagniert, jeweils ausgeschlossen.

Von Natur aus ist das Land zwischen Nordsee und Alpen zu gut 95 % Waldland, und das Klima größerer Waldbestände gilt als ideales Schon- oder gar Verwöhnklima. Wesentlich dafür ist die gleich bleibende, mäßige Wärme – an heißen Tagen puffert die Verdunstung die Extreme ab. Hinzu kommen größere Luftruhe, höhere Luftfeuchtigkeit und das gedämpfte Licht im Waldesinnern. Ein 15–20 m hoher Laubbaum besitzt eine rund 1000 m² große Blattfläche, auf der sich Staub, Ruß und andere Luftschadstoffe absetzen können – Wälder reinigen also die Luft. Dass die Waldluft, wie oft behauptet wird, sauerstoffreicher sei, trifft indes nicht zu: Pflanzen produzieren zwar Sauerstoff, gleichzeitig wird dieses Element jedoch der Atmosphäre durch die Atmung der lebenden Pflanzen und die Verrottung der abgestorbenen Pflanzenteile entzogen.

Es grünt so grün
Das Sonnenlicht wirkt sich nicht nur auf den Körper aus, sondern hat auch erheblichen Einfluss auf die Psyche. Der grüne Anteil des Spektrums gilt z.B. als eine „kühle" Farbe, in den sommerheißen Mittelmeerländern sorgen die oft grün oder blau gestrichenen Fensterläden zumindest optisch für ein wenig Abkühlung (und sollen außerdem lästige Insekten abhalten). In unseren Breiten verstärken grüne Farbtöne noch den auch objektiv kühleren Charakter des Waldklimas.

Belastungsklima

An sehr heißen Sommertagen steigt die Zahl der Notfallpatienten mit Herz- und Kreislaufproblemen stark an, genauso wie in den kalten Monaten die Atemwegserkrankungen und Infekte zunehmen. Unabhängig von der jahreszeitlichen Häufigkeit von Krankheiten gibt es auf der bioklimatologischen Karte Mitteleuropas bestimmte Gegenden, in denen das Klima durchgängig zur Belastung wird. Dazu gehören in erster Linie von hohen Bergen umschlossene Ebenen und Talkessel, in denen die Zufuhr sauberer, kühlerer Luft verlangsamt wird – häufig weil die natürlichen Frischluftschneisen durch Bebauung blockiert sind.

Belastend ist auch das Klima im Zentrum der großen Städte (S. 94), zum einen durch den meist hohen Gehalt an Luftschadstoffen, zum anderen durch die erhöhte Wärmebelastung. Tagsüber heizt sich die Luft in den Straßenschluchten auf – verstärkt durch die Reflexion des Lichts an den Häuserfronten, die langsamere Durchlüftung und zusätzliche Wärmequellen wie den Straßenverkehr. Ein großer Teil der Energie wird in der Baumasse gespeichert und dann nachts an die Atmosphäre der städtischen „Wärmeinsel" abgegeben. Eine Abkühlung bleibt aus und selten wird der Temperaturpunkt erreicht, an dem sich der Wasserdampf als Tau ausscheidet, sodass die Stadtluft gegenüber dem Umland feuchter ist und die Lufttemperatur darum oftmals als schwül empfunden wird.

Belastete und belastende Luft

Dank verbesserter Abgasreinigung ist der Ausstoß verschiedener Luftschadstoffe in den letzten Jahren deutlich, zum Teil um mehr als 80 %, gesunken – zumindest in Mitteleuropa. Die großen Kraftwerke und Industrieanlagen sind daher in der Regel keine „Dreckschleudern" mehr. Der Schadstoffausstoß des Straßenverkehrs ist dagegen nach wie vor hoch, etwa bei den Stickoxiden, aus denen das bodennahe Ozon entsteht, oder bei den Rußpartikeln in den ungefilterten Abgasen von Dieselmotoren.

Raumklima

Die Einteilung der Erde in Klimazonen (S. 70) geht insofern an der Realität vorbei, als sich der moderne Mensch (von wenigen Berufsgruppen abgesehen) die längste Zeit in Gebäuden und Fahrzeugen aufhält und dort nach Möglichkeit sein Klima nach Wunsch selbst herstellt. Mit dem Klima im Freien hat das Raumklima oft kaum noch etwas zu tun, es kann in einem Gebäude der isländischen Hauptstadt Reykjavik identisch sein mit dem in einem Haus in Rio de Janeiro. Das Klima im Garten unterscheidet sich in der Regel ebenfalls spürbar vom Klima der betreffenden Zone – beispielsweise ermöglichen es Windschutzanlagen (S. 116) oder künstliche Wasserflächen, eine spezielle Klimaoase zu schaffen.

Das meteorologische Element, das in geschlossenen Räumen im Allgemeinen am stärksten verändert wird, ist die Lufttemperatur. Sie sollte in dem Bereich liegen, den die meisten Menschen als behaglich empfinden: zwischen 20 und 24 °C. Je nach Zweck der Räume und persönlichen oder nationalen Gewohnheiten schwanken die Behaglichkeitsspannen allerdings beträchtlich. In Schlafräumen etwa darf es mit 17–20 °C deutlich kühler sein, und während auf dem europäischen Kontinent die Raumlufttemperatur im Bad meist auf mindestens 20 °C festgelegt ist, beträgt die Minimalanforderung für britische Badezimmer nur 14 °C. Als sehr unangenehm kann eine ungleichmäßige Temperaturverteilung in den Räumen empfunden werden, etwa in der Nähe schlecht wärmegedämmter Außenwände, die Kälte ausstrahlen, oder im Fuß- bis Knöchelbereich, wo sich in beheizten Räumen eine um 1–3 Grad kältere Zone befindet, die zur Höhe hin an einer deutlich ausgeprägten Inversion (S. 35) in eine Zone mit rasch ansteigenden Raumtemperaturen übergeht.

Eine weitere strukturelle Gemeinsamkeit mit dem Klima im Freien zeigt sich bei der Zirkulation der Luftmassen in geschlossenen Räumen. Sie erinnert an die Luftströmungen innerhalb der Hadley-Zellen beiderseits des Äquators, wo im Bereich des Äquators (im

Raum: über den Heizkörpern unter den Fenstern) die Luft erwärmt wird, aufsteigt und in der Höhe abkühlt, während sie in den Subtropen (im Raum: an den kühleren Innenwänden) absinkt und über dem Fußboden als „Zimmerpassat" zu den Fenstern hin zurückströmt. Allzu heftig darf diese Zirkulation nicht sein, (allenfalls Windstärke 1), Zugluft durch geöffnete Fenster und Türen mag ohnehin kaum jemand.

Ein flexibles Blatt
Der glänzende Wachsüberzug auf dem Blatt des Gummibaums verringert Wasserverluste. Gleichzeitig dient die markante Blattspitze dazu, bei den heftigen tropischen Regengüssen das Wasser möglichst schnell von der Blattoberfläche abzuleiten.

Zimmerpflanzen

Dicht schließende Fenster und Türen verlangsamen die Zufuhr von Frischluft und verschlechtern so die Luftqualität erheblich. In Wohn- und Schlafräumen sollte die Luft stündlich mindestens 3- bis 5-mal, in Küchen beim Kochen sogar 15- bis 25-mal vollständig ausgetauscht werden, aber möglichst nicht durch dauer-gekippte Fenster, sondern kurz und intensiv bei weit geöffneten Fenstern – innerhalb weniger Minuten hat sich dann die gesamte Luft im Raum erneuert, und die Heizwärmeverluste bleiben gering.

Die Luft, die während der kalten Jahreszeit in die Räume strömt, erscheint meist unangenehm feucht, enthält aber in Wirklichkeit oft nur sehr wenig Wasserdampf. Erwärmt sich die Luft im Innern des Gebäudes, steigt ihr Sättigungsdefizit oder, anders ausgedrückt, sie wird noch trockener. Unterhalb des Grenzwerts von 35 % relativer Feuchte macht sich die Trockenheit durch ausgetrocknete Schleimhäute in Nase und Rachen, tränende Augen und erhöhten Staubgehalt der Luft bemerkbar. Je nach der Raumtemperatur sollte die Luftfeuchte daher zwischen 35 und 65 % betragen, wobei die hohen Werte für niedrige Temperaturen und die niedrigen Werte umgekehrt für hohe Temperaturen gelten.

Unter zu trockener Luft, dem Hauptproblem des Klimas in beheizten Räumen, leiden sämtliche Bewohner des Hauses, Tiere und Pflanzen eingeschlossen. Wer Zimmerpflanzen mag, sollte die Trockenheit durch Sprühen oder spezielle Luftbefeuchter mildern, spätestens wenn die ersten braunen Blattspitzen als Trockenheitssymptome auftauchen. Je nach Art fühlen sich die Pflanzen bei einer Luftfeuchte zwischen 50 und 80 % am wohlsten. In dieser Hinsicht sind insbesondere solche Pflanzen, die wie der beliebte Gummibaum oder das Fensterblatt aus den tropischen Regenwäldern stammen, sehr flexibel. Sie besitzen oft feste, ledrige Blätter mit wachsartigen Überzügen, die bei Wassermangel die Verdunstung verringern.

Wärmeflüsse
Die Thermographie bietet die Möglichkeit, Wärmeverluste eines Gebäudes sichtbar zu machen und auf diese Weise Schwachstellen der Wärmedämmung aufzudecken. Gelbe bis rote Farbtöne zeigen in diesem Fall Flächen an, durch die überdurchschnittlich viel Wärme aus dem Innern des Gebäudes ins Freie strömt. Dazu gehören vor allem die Fenster und die Wände im Erdgeschoss, während die blau getönten Dachflächen kühl sind und damit auf eine gute Wärmedämmung hinweisen (Temperaturangaben in °C).

Heizklima

Lufttemperaturen von angenehmen 20–24 °C herrschen nur in wenigen Gegenden der Erde das ganze Jahr über. Zwischen Nordsee und Alpen liegen die Temperaturen im günstigsten Fall an insgesamt etwa 60 Tagen in diesem Bereich, in normalen Jahren ohne „Jahrhundertsommer" werden sie nur an ungefähr 20–50 Tagen überschritten. Viel häufiger kommt es jedoch vor, dass die 20-Grad-Untergrenze unterschritten wird, und zwar an durchschnittlich 270–300 Tagen – das kühl-gemäßigte Klima Mitteleuropas ist also ein typisches Heizklima, bei dem die Temperatur in den Wohnräumen an vielen Tagen des Jahres durch Heizungsanlagen reguliert werden muss. Dieser Komfort hat seinen Preis: Im Durchschnitt entfallen drei Viertel des Energieverbrauchs der Privathaushalte auf die Gebäudeheizung.

„Heizgradtage"

Als Heiztag gilt ein Tag, an dem die Temperatur der Luft im Freien unter das Tagesmittel von 15 °C sinkt.

Das ist in Mitteleuropa an durchschnittlich 240–260 Tagen der Fall. Die Heizperiode beginnt im September und endet im Mai. Kurzfristige Kälteperioden im Sommer können im Allgemeinen mit der im Gebäude gespeicherten Wärme überbrückt werden. Regional schwankt der Heizbedarf allerdings beträchtlich, denn je nach geographischer Lage klafft in der kalten Jahreszeit zwischen der gewünschten Raumtemperatur und der Temperatur im Freien eine mehr oder weniger große Lücke. Dieser Unterschied wird bei den so genannten **Heizgradtagen**, dem Produkt aus dem Differenzbetrag zwischen Außen- und Innentemperatur sowie der Zahl der Heiztage, berücksichtigt. Ihre Zahl schwankt bei einer Raumtemperatur von 18 °C zwischen weniger als 3000 im Nordwesten und mehr als 4000 im Südosten. Die Außentemperaturen kann man nicht ändern. Darum besteht der einfachste Weg, den Heizbedarf und damit die Energiekosten zu verringern, darin, die Temperaturen im Innern des Gebäudes zu senken. Eine Absenkung der Raumtemperaturen um ein einziges Grad kann die Heizenergiekosten um bis zu 5 % verringern.

Energie sparend wohnen

Je nach Gefälle und Exposition ist in den mittleren Breiten die Zufuhr von Sonnenenergie an Hanglagen ganz unterschiedlich. In den größten Strahlungsgenuss kommen steile, nach Süden oder Südwesten gerichtete Hänge. Aber jeder Hang ist in der Regel wärmer als ebenes Gelände oder Kuppen. Das spiegelt sich auch im Heizwärmebedarf von Gebäuden wider. Selbst in vermeintlich geschützten Tälern und Mulden wird etwa ein Viertel mehr Energie benötigt als bei einem Haus gleicher Größe und Bauart in der Ebene. Die Senken füllen sich nämlich mit kalter, schwerer Luft, und diese Kaltluftseen treiben den Energiebedarf in die Höhe. Auf exponierten Kuppen wiederum wirkt sich der meist stärkere Wind zusammen mit dem Schlagregen ungünstig aus – der Heizwärmebedarf ist dort rund 10 % größer. Die für den sparsamen Energieverbrauch optimalen Standorte liegen im mittleren Abschnitt der Hänge, in der so genannten warmen Hangzone. Aus ihr kann in windstillen Winternächten die Kaltluft ungehindert abfließen, außerdem ragen die Hänge meist über die Bodennebelschichten hinaus und werden tagsüber länger und intensiver von der Sonne erwärmt.

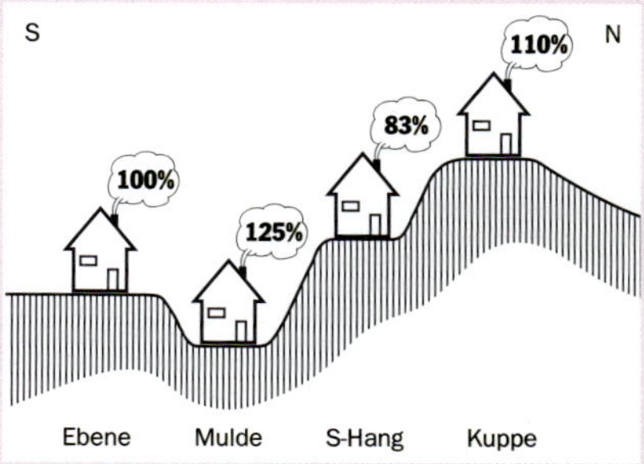

Die Nutzung der Sonnenenergie

Der in unseren Breiten hohe Energiebedarf für Gebäudeheizung und Warmwasserbereitung führt dazu, dass die Haushalte mit enormen, anscheinend unaufhaltsam steigenden Energiekosten belastet werden; und da als Energieträger hauptsächlich fossile Brennstoffe dienen, wird gleichzeitig die Atmosphäre mit dem Treibhausgas Kohlendioxid (S. 178) belastet. Seit längerem versucht man darum, einen Teil des Energiebedarfs durch die Nutzung erneuerbarer, umweltfreundlicher Energie wie der Sonnenenergie zu decken. Bei jährlichen Strahlungsmengen, die in Mitteleuropa je nach Region normalerweise zwischen etwa 900 und 1300 Kilowattstunden pro Quadratmeter schwanken, sind die Bedingungen dafür nicht einmal schlecht.

Es gibt zwei Konzepte, um die Sonnenenergie für Gebäude einzufangen: die **aktive Nutzung** mittels spezieller technischer Einrichtungen wie Solarkollektoren oder Wärmepumpen (S. 113) und die **passive Nutzung**, die auf komplizierte Technik verzichtet und stattdessen versucht, durch eine kompakte Gebäudeform, die klimagerechte Einbindung des Hauses in seine Umgebung und besondere Bauweise und Baustoffe die Wärmeverluste möglichst gering zu halten. Die natürliche Wärmeenergie strömt ungehindert ins Innere, wo sie gespeichert und gezielt auf die verschiedenen Räume verteilt wird.

Alles unter einem Dach
Traditionelle norddeutsche Bauernhäuser sind Lehrbuchbeispiele klimagerechter Architektur. Ihre kompakte Bauweise, bei der Wohn- und Vorratsräume, Stallungen und Scheune unter einem Dach vereint sind, hat z.B. gegenüber Gehöften, bei denen sich die Funktionen auf mehrere Gebäude verteilen, beträchtliche Vorteile. Je kleiner das Verhältnis zwischen Gebäudeaußenfläche und Rauminhalt ist, um so geringer sind nämlich auch die Wärmeverluste.

Klimagerecht bauen

Die einfachste Form passiver Heizsysteme sind so genannte Solarfenster: größere, nach Süden oder

Südwesten orientierte, mehrfachverglaste Fenster, die die kurzwellige Sonnenstrahlung passieren lassen, durch die aber die Wärme nur zu einem geringen Teil entweichen kann. Sie wird im Innern des Gebäudes zusätzlich von dunklen, massiven Baustoffen absorbiert und damit für kältere Tageszeiten gespeichert.

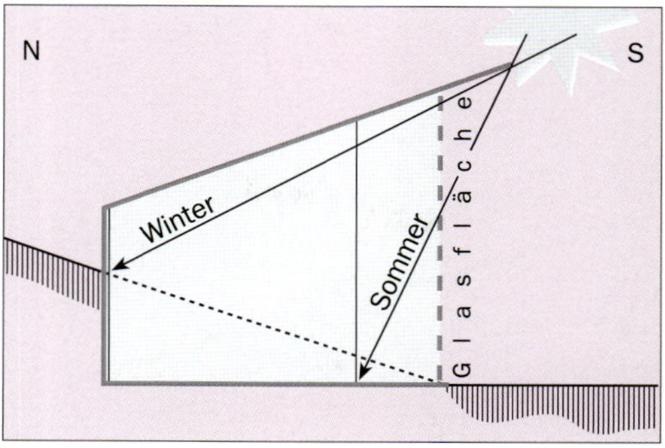

Das Trichterhaus
Moderne Niedrig- und Nullenergiehäuser öffnen sich in der Regel nach Süden und weisen einen trichterförmigen Querschnitt auf. Große Glasflächen an der Südseite lassen die Sonnenenergie während der kalten Jahreszeit bei tiefem Sonnenstand ins Innere des Gebäudes strömen. Damit diese „Energiefalle" im Sommer nicht zur Hitzekammer wird, ist das Dach an der Südseite weit vorgezogen. Bei hohem Sonnenstand und entsprechend intensiver Einstrahlung liegt der Innenraum deshalb um die Mittagszeit im Schatten.

Die Ausrichtung der lichtdurchlässigen Gebäudeseite in südliche Himmelsrichtungen ist ein besonderes Merkmal der an das kühl-gemäßigte Klima Mitteleuropas angepassten Architektur. Generell ist überall dort, wo es darauf ankommt, Wärmeverluste klein zu halten, eine kompakte Bauweise ohne architektonische Schnörkel günstig. Optimal wäre ein halbkugelförmiger Bau, wie bei den Schneehäusern der Inuit, damit das Verhältnis zwischen Gebäudeaußenfläche und Rauminhalt möglichst klein bleibt. Um Energie zu sparen, sind moderne, aber auch manche traditionelle Bauten darüber hinaus nach dem Wärmehüllen-Prinzip gestaltet: Ein warmer Gebäudekern wird zonenförmig von Räumen umschlossen, in denen die Raumtemperatur niedriger sein kann. Sie verlangsamen den Wärmestrom ins Freie, puffern die Extreme ab und können wie bei Wintergärten sogar noch für einen zusätzlichen Energiegewinn sorgen.

Eine Übergangsform zwischen passiver und aktiver Nutzung ist der kontrollierte Luftaustausch. Gewöhnlich werden Fenster und Türen geöffnet, um die verbrauchte Luft im Innern des Gebäudes durch frische zu ersetzen. Damit ist jedoch immer ein erheblicher Energieverlust verbunden. Sparsamer sind Luftkanäle, durch die Ventilatoren gezielt Frischluft zuführen und die zugleich Energie aus Räumen, in denen viel Wärme anfällt, wie in der Küche und im Bad, mithilfe von Wärmetauschern wieder verfügbar machen.

Vom Wind getrieben
Eine umgewandelte Form der Sonnenenergie ist die Windenergie. Ihre Nutzung erlebt nach der Ära der Windmühlen (im Bild eine Windpumpe zur Entwässerung einer feuchten Niederung) derzeit eine bemerkenswerte Renaissance. Bei einem insgesamt nur bescheidenen Anteil an der Energiegewinnung hat die Stromerzeugung durch Windkraftanlagen in den letzten Jahren in Rekordhöhe zugenommen. Zu ihren Vorteilen gehört die Tatsache, dass sich das Angebot an Windenergie in unseren Breiten weitgehend zeitgleich mit den jahreszeitlichen Spitzen des Strombedarfs deckt.

Das Aktivhaus

Das „Drei-Liter-Haus", ein Haus, in dem der Energiebedarf pro Quadratmeter Wohnfläche und Jahr lediglich dem Energiegehalt von 3 Litern Heizöl entspricht, existiert als Prototyp bereits. Insbesondere bei älteren Gebäuden ist man von diesem Ziel freilich noch weit entfernt. Entsprechend hoch sind die Energiekosten, die im Budget der Privathaushalte einen durchschnittlichen Anteil von 5–10 % ausmachen. Neben der ökonomischen hat der hohe Energieverbrauch aber auch eine ökologische Seite, die dafür spricht, auf die herkömmlichen, umweltbelastenden Energieträger Erdöl und Erdgas zu verzichten und dafür stärker umweltfreundliche, erneuerbare Energiequellen wie die Sonnenenergie in ihren verschiedenen Formen zu nutzen.

Die beiden wichtigsten von der Sonne gespeisten Quellen, die Wasserkraft, die z. B. in der Schweiz und in Österreich ungefähr die Hälfte bzw. zwei Drittel der Stromproduktion deckt, sowie die Windkraft scheiden bei der privaten Nutzung praktisch aus. Hier kommen in erster Linie Sonnenkollektoren (die die Sonnenenergie in Wärme umsetzen) und Solarzellen (die elektrischen Strom erzeugen) in Frage. Unter den mitteleuropäischen Klimaverhältnissen reicht in der Regel bei modernen Kollektoren zur Warmwasserbereitung und zeitweisen Unterstützung der Heizungsanlage im Frühjahr und Herbst eine Kollektorfläche von 1,5 Quadratmetern pro Person aus, um die Haushaltskasse spürbar zu entlasten.

Als alleinige Energiequelle eignet sich die Sonnenenergie in unseren Breiten jedoch nicht, denn die

Energiezufuhr schwankt jahreszeitlich und von einem Jahr zum andern sehr stark. Bestenfalls ein Viertel der jährlichen Strahlungssumme entfällt auf das Winterhalbjahr, die Hauptheizperiode, und in ungünstigen Jahren kann der Energiegewinn durchaus auf nur etwa ein Fünftel des Durchschnittswertes von 900–1300 Kilowattstunden pro Quadratmeter schrumpfen.

Wärmespeicherung

Dank verbesserter Technik steigt der Wirkungsgrad der Solaranlagen ständig, wesentlich schwieriger ist es jedoch, die gewonnene Energie zu speichern und so von der jahreszeitlich stark schwankenden Energiezufuhr unabhängiger zu werden. Technische Wärmespeicher sind teuer und meist einfach zu groß: Um z.B. die Wärmeenergie für den Heizwärmebedarf eines Hauses mit 100 Quadratmetern Wohnfläche zu speichern, müsste der Speicher je nach Bauart etwa 300–500 m^3 groß sein.

Doch die Natur speichert die Wärme der Sonne von sich aus in zwei natürlichen Speichern, aus denen man bei Bedarf Wärme entnehmen und mithilfe von Wärmepumpen gewissermaßen konzentrieren kann: im Wasser und im Erdboden. Die Nutzung der Gewässer als Wärmequelle scheitert in der Praxis meist an strengen Auflagen, die die Verseuchung der auch für die Trinkwassergewinnung wichtigen Quellen verhindern sollen. Im Erdboden steht aber ein vorzüglicher Langzeit-Speicher zur Verfügung: Im Unterschied zur Luft kühlt sich der Boden sehr langsam ab, die Bodentemperaturen in den tieferen Schichten erreichen daher ihren Tiefstpunkt oft erst 1–2 Monate nach dem jährlichen Minimum der Lufttemperatur, also im Februar oder März, wenn die Tage schon wieder länger und wärmer werden.

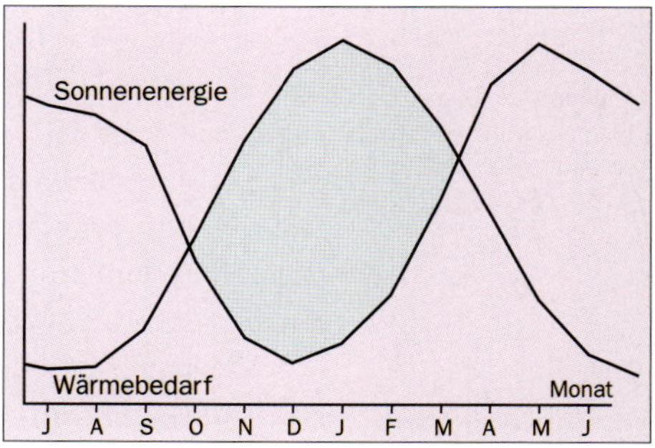

Sonnenenergie
Bei der enormen Zufuhr von Sonnenenergie (SE) zur Erdoberfläche könnte damit eigentlich ein großer Teil des Energiebedarfs für die Gebäudeheizung (WB) gedeckt werden. Leider liegt aber in unseren Breiten zwischen dem Zeitpunkt des höchsten Energiebedarfs und dem größten Energieangebot der Sonne ungefähr ein halbes Jahr.

Wetterseiten
Aus Südwest über West bis Nordwest greift in Mitteleuropa das Wetter unsere Gebäude mit Schlagregen, stürmischem Wind und sengender Sonne am stärksten an. Diese Himmelsrichtungen gelten in unseren Breiten als die „Wetterseiten".

Unwetterschäden

Wetterkatastrophen (S. 166), beispielsweise großflächige Überschwemmungen oder heftige Stürme, die Schäden in Milliardenhöhe anrichten, sind in unseren Breiten zum Glück recht selten. Mit kleineren lokalen Unwettern muss ein Hausbesitzer jedoch immer und überall rechnen. Moderne Blitzschutzanlagen, die den Erdblitz ins Erdreich ableiten, verringern die Gefahr von äußeren Gebäudeschäden. Dafür hinterlässt der Blitz heute den größten Schaden eher im Innern der Gebäude: durch enorme Überspannungen, denen vor allem die empfindliche Elektronik (z.B. Computer und Telefon) zum Opfer fällt. Überspannungsschutz ist darum genauso wichtig wie der Blitzableiter. Statistisch gesehen ist die Gefahr, dass ein Haus vom Blitz getroffen wird, zwischen der Nordsee und den Alpen ohnehin nur gering: 2–3 Erdblitze pro km^2 und Jahr zählt man bei uns. Angenommen, dass sich Blitze ihre Ziele streng der Reihe nach aussuchen, würde ein 1000 m^2 großes Grundstück lediglich alle 300–500 Jahre einmal vom Blitz getroffen werden. Und das Risiko, in die Bahn einer Windhose, der hiesigen Variante des Tornados, zu geraten, ist noch um ein Vielfaches kleiner.

Schäden größerer Unwetter ersetzt die Sturmversicherung (sofern man sie abgeschlossen hat), die Folgekosten der viel häufigeren kleineren Wetterschäden muss der Hausbesitzer dagegen alleine tragen.

Wie sehr ein Gebäude unter den jahrelangen Attacken der Witterung leidet, zeigt seine Wetterseite, in Mitteleuropa allgemein die Südwest- bis Nordwestseite. Dort hinterlässt vor allem der Schlagregen tiefe Spuren. Ungefähr ab Windstärke 5 werden auch große Regentropfen durch den Wind um mehr als 45° aus ihrer senkrechten Fallrichtung abgelenkt und gegen die Hauswände getrieben. Wolkenbruchartige Regengüsse von bis zu 6 oder 8 Litern pro Quadratmeter und Minute prasseln dann gegen die Mauern. Sie durchtränken das Mauerwerk und drücken das Wasser durch Fugen ins Innere des Gebäudes, wo es weiteren Schaden anrichten kann.

Kleingedrucktes

Zahlreiche Unternehmen bieten Versicherungen an, die durch Stürme und andere Unwetter verursachte Schäden an Gebäuden und am Hausrat ganz oder teilweise abdecken. Der Abschluss einer derartigen Versicherung ist empfehlenswert, allerdings lohnt sich zuvor ein Preis-Leistungsvergleich sowie ein genauer Blick auf die Vertragsbedingungen. Für Gebäudeschäden durch Windeinwirkung z.B. wird der Versicherungsnehmer im Allgemeinen nur dann entschädigt, wenn der Wind mindestens Windstärke 8 Bft erreicht und Schäden an einem einwandfrei beschaffenen, bezugsfertigen Gebäude angerichtet hat (Rohbauten sind also meist nicht versichert). Nicht immer kann die Windstärke durch Aufzeichnungen einer nahegelegenen Wetterwarte nachgewiesen werden, in diesem Fall sollte man in Erfahrung bringen, ob in der Umgebung des Versicherungsgrundstücks ähnliche Schäden aufgetreten sind. Die Versicherung schließt Schäden ein, die auf der unmittelbaren Einwirkung des Sturms beruhen. Dazu gehören auch Schäden, die dadurch entstehen, dass Gebäudeteile oder andere Gegenstände wie Bäume und Äste auf das Versicherungsobjekt geschleudert werden. Nur auf Grund besonderer Vereinbarungen sind größere Glasscheiben, etwa in Fenstern oder an Wintergärten, versichert. In diesem Fall tritt eine eventuell abgeschlossene Glasversicherung ein. Nicht versichert sind an der Außenseite des Gebäudes angebrachte Markisen, Antennenanlagen usw. Gegen Schäden durch Hagel, Regen und Schnee sowie schwerere Unwetter wie Lawinen, Überschwemmungen und Sturmfluten muss man in der Regel spezielle Versicherungen abschließen.

Sturm droht
Wälzt sich solch eine markante Wolkenformation regelrecht über den Himmel, dann ist es höchste Zeit, den Sonnenschirm zu schließen, die Markise einzurollen, kurz, alles in Sicherheit zu bringen, was nicht niet- und nagelfest ist. Innerhalb kürzester Zeit wird dann der Wind unterhalb der so genannten Böenwalze stärker, es kommt zu plötzlichen heftigen Böen, teilweise bis Orkanstärke, die erhebliche Schäden am Haus und im Garten anrichten können.

Windschutzhecken

Freie, unverbaubare Sicht gilt allgemein als Merkmal hoher Wohnqualität. Dort, wo keine Hindernisse die Aussicht einengen, sind die Häuser freilich auch wie auf dem Präsentierteller dem Wind ausgesetzt – mit allen unangenehmen Begleiterscheinungen: Langstielige Gartenblumen wie Chrysanthemen oder Malven werden vom Wind abgeknickt, Obstbäume tragen an windexponierten Stellen mitunter nur halb so viel Obst wie an geschützten Stellen, und der Wind treibt den Heizwärmebedarf in die Höhe.

Eine windgeschützte Lage bietet verschiedene Vorteile, die den Nachteil der eingeengten Sicht mehr als wettmachen. Neben dem Schutz vor den mechanischen Angriffen des Windes auf Pflanzen und Gebäude verbessert der Windschatten die Wasserversorgung der Pflanzen – zum einen weil die Bodenverdunstung um bis zu 20 % verringert wird, zum andern setzt sich an windschwachen Standorten bis zu 20 % mehr Tau ab. Bei Sonnenschein ist es an windgeschützten Stellen im Durchschnitt um 1–2 Grad wärmer, nachts dagegen kälter, was aber kein Nachteil sein muss, denn bei niedrigeren Nachttemperaturen sind auch die Atmungsverluste bei den Pflanzen geringer und die Er-

Vor Unbill geschützt Windschutzhecken gehören zum Bild vieler Landschaften Mitteleuropas, vor allem im Norddeutschen Tiefland, wo Knicks (mit Bäumen und Sträuchern bepflanzte Erdwälle) den dort oft stürmischen Wind zügeln. Im Rheinischen Schiefergebirge (hier in der Eifel) sind die jahrhundertealten Hecken lebendige Kunstwerke und erfüllen zugleich einen praktischen Zweck, indem sie die Gebäude vor dem hier besonders häufigen Schlagregen schützen.

träge deshalb deutlich höher. Außerdem stellen Windschutzhecken vorzügliche Luftfilter dar, die die Luft von Staub und vielerlei Schadstoffen befreien – wozu auch die Samen lästiger Unkräuter zählen.

Licht und Schatten

Die Planung einer Windschutzanlage erfordert Umsicht. Eine feste Mauer beispielsweise drosselt die Windgeschwindigkeit zwar um bis zu 75 %, dafür reicht die Drosselung nicht weit, zudem bilden sich hinter der Wand oft kräftige Luftwirbel. Effektiver sind winddurchlässige Zäune und unregelmäßig geschnittene Hecken; bei ihnen ist die Windabschwächung geringer, doch reicht die windberuhigte Zone in Lee weiter, bis zu einer Entfernung, die der 8-fachen Höhe des Hindernisses entspricht.

Windschatten bedeutet in Mitteleuropa meist auch Licht- bzw. Wärmeschatten, denn die vorherrschende Windrichtung (Südwesten) deckt sich recht genau mit der Himmelsrichtung, aus der Licht und Wärme kommen. Ein perfekter Windschutz kann folglich für die Flora und die passive oder aktive Nutzung der Sonnenenergie im Haus von Nachteil sein. Ein kostspieliges Solarfenster etwa erfüllt seine Funktion kaum, wenn es in der kalten Jahreszeit bei niedrigem Sonnenstand im Schatten einer hohen Mauer oder einer dichten Nadelholzhecke liegt. Laubgehölze, wie die als Heckenpflanze ideale Hainbuche, leisten hier bessere Dienste. Sie verlieren im Herbst ihr Laub, machen die Hecke damit lichtdurchlässiger und treiben erst dann neue Blätter aus, wenn die Sonne wieder höher am Himmel aufsteigt und die beschattete Zone hinter dem Hindernis auf wenige Meter schrumpft.

Ein Hauch von Ozean
Das ozeanische Klima zeichnet sich wegen der langsamen Erwärmung bzw. Abkühlung der Wassermassen durch relativ geringe jahres- und tageszeitliche Temperaturschwankungen aus. Schon ein kleiner Teich genügt, um das Mikroklima im Garten in der gleichen Richtung zu verändern und so die Frostgefahr zu verringern. Wasserflächen bilden darüber hinaus zusätzliche Lichtquellen, da sie die einfallenden Sonnenstrahlen reflektieren und als Unterlicht an die Pflanzen weitergeben.

Wetter und Verkehr

Die eigenen vier Wände bieten einigermaßen Schutz vor den unangenehmen Seiten des Wetters, doch gleich vor der Haustür muss man sich darauf einstellen, etwa von einem plötzlichen Regenschauer überrascht zu werden. Allen, die dem Wetter häufiger hautnah begegnen, ist daher ein vorsorglicher Blick auf die Wetterkarte oder zum Himmel nur zu empfehlen – Wanderern und Bergsteigern, Seglern und Surfern und nicht zuletzt den Millionen, die jeden Tag privat oder beruflich auf den Straßen unterwegs sind.

Das Wetter kann sich schon vor Fahrtbeginn bemerkbar machen, etwa wenn der Motor bei tiefen Temperaturen nicht problemlos anspringt oder die Scheiben mühsam vom Reif befreit werden müssen. Zur echten Gefahr wird es jedoch, wenn die Sichtweite bei dichtem Nebel auf unter 100 m sinkt, Schnee, Eis und heftiger Regen die Straßen glatt machen oder starke Windböen das Fahrzeug vom Weg abkommen lassen. Dann steigt die Zahl der witterungsbedingten Verkehrsunfälle abrupt an.

Wettergefahren im Straßenverkehr schlagen niemals aus heiterem Himmel zu. Sie sind vielmehr mit bestimmten Wetterlagen verbunden und deshalb meist

Ob's stürmt, ob's schneit
Peitschender Regen, Sturmböen, Nebel und knietiefer Schnee – bei schlechtem Wetter war der Straßenverkehr noch nie ein Vergnügen. Zwar reist man heute komfortabler als zu jener Zeit, in der der japanische Holzschnittkünstler Ando Hiroshige (1797–1858) die Reisen auf dem Tokaido, der historischen Straße zwischen Tokyo und Kyoto, illustrierte, aber die Gefahren des Straßenwetters sind die selben geblieben oder vielleicht sogar noch größer geworden.

vorhersehbar. Der Zyklus der mitteleuropäischen Wetterphasen (S. 78) bietet dabei eine sehr sinnvolle und praktische Hilfestellung.

Straßenwetterphasen

- **Phase 1** In den warmen Jahreszeiten sind die Straßenverhältnisse während dieser Schönwetterphase ideal; im Winter bildet sich dagegen in den sehr kalten Nächten dichter Nebel, der bei der schwachen Sonneneinstrahlung meist auch tagsüber nicht ganz verschwindet. Gefrierende Nässe aus den vorhergehenden Phasen kann die Straßen glatt werden lassen.
- **Phase 2** Die Luftfeuchtigkeit nimmt zu und damit das Risiko von Nebel und Reifglätte. Durch den langsamen Luftmassenaustausch und die intensive Sonneneinstrahlung überschreitet der Ozongehalt im Sommer nicht selten die zulässigen Grenzwerte. Vorsicht an heißen Tagen: Bei 37 °C Innenraum-Temperatur im Auto liegt das Unfallrisiko um bis zu 33 % über dem Durchschnitt. Hitze beeinflusst die Unfallhäufigkeit stärker als Regen oder Schnee.
- **Phase 3** Vor der Wetterverschlechterung verbessern sich die Straßenverhältnisse in der dritten Schönwetterphase noch einmal. Dafür setzt nun das Wetter in dieser für Wetterfühlige kritischen Phase (S. 98) manchen Autofahrern zu. Die Reaktionsfähigkeit lässt nach, während die Risikobereitschaft steigt.
- **Phase 4** Anhaltender Regen (im Winter auch mit gefährlichem „Blitzeis") und Schneefall machen die Straßen glatt. Die Sichtweiten verringern sich im Winter, wenn feucht-milde Luft über den schneebedeckten Boden streicht, während des ganzen Jahres bei Niederschlägen. In offenem Gelände Schneeverwehungen.
- **Phasen 5 und 6** Der Wetterumschlag und die Wetterberuhigung sind die für den Straßenverkehr ungünstigsten Phasen, weil in ihnen verschiedene Gefahren zusammenkommen und oft in kurzen Abständen aufeinanderfolgen: heftige Regen-, Schnee- und Hagelschauer, Gewitter, Sturmböen ... Auch der biologische Wetterstress plagt manch einen gerade jetzt.

Blitzeis
Regentropfen, die aus wärmeren in kältere Luftschichten fallen, kühlen sich mitunter bis unter den Gefrierpunkt ab. Wenn der Erdboden nach einer längeren Frostperiode noch gefroren ist, gefriert auch dieser unterkühlte Regen beim Auftreffen auf die Erdoberfläche sofort und überzieht sie in kürzester Zeit mit einer Eisschicht. Straßen verwandeln sich fast blitzartig in spiegelglatte Rutschbahnen. Im Winter kommt das vor allem zu Beginn der Wetterphase 4 relativ häufig vor. So wurde das Weihnachtstauwetter 2002 in weiten Teilen Norddeutschlands zu einer „Glatteiszeit" mit zahllosen Verkehrsunfällen.

„Sicht stellenweise unter 50 Meter …“
Strahlungsnebel bildet sich oft in einer nur wenige Meter dicken Schicht über dem Erdboden, die Baumwipfel ragen meist aus den Nebelschwaden heraus. Bei Sonnenschein lösen sie sich im Allgemeinen rasch auf, doch gerade jetzt ist der Nebel besonders gefährlich: Das an den Nebeltröpfchen gestreute Licht ist nämlich extrem hell und blendet den Autofahrer.

Gebirge und Moor

In Gebirgen muss man erfahrungsgemäß ab einer gewissen Höhe (in Mitteleuropa etwa ab 500 m) öfters mit witterungsbedingten Risiken auf den Straßen rechnen: vom Herbst bis ins Frühjahr hinein mit Schnee und Eis und das ganze Jahr über mit dichtem Nebel, sofern die Wolken den Erdboden berühren. Doch auch in den tieferen Lagen gibt es Gefahren, die vor allem vom Gelände abhängen und nicht immer durch Verkehrsschilder angekündigt werden.

Besonders tückisch sind in dieser Hinsicht Moorgebiete. Dort bildet sich in klaren Nächten überdurchschnittlich häufig Nebel. Gleichzeitig sind Moore berüchtigte „Kältelöcher“, in denen unter Umständen selbst im Sommer Frost auftreten kann. Die Kombination von feuchter Luft, Nebel und tiefen Temperaturen führt dazu, dass sich die Straßen mit Reif überziehen. Auch Aquaplaning ist in Moorgebieten nicht selten, denn über dem weichen Torfboden sacken die Fahrbahnen bisweilen stellenweise ab und schaffen Vertiefungen, in denen sich das Regenwasser sammelt.

Moore besitzen ein so nebel- und frostträchtiges Klima, weil sich die extrem nassen Böden im Frühjahr nur langsam erwärmen. Ist die Bodentemperatur im Lauf des Sommers allmählich angestiegen, dann verhindert die oberste trockene Torflage, dass im Herbst Wärme aus dem Boden an die Luft abgegeben wird. Die Temperaturmarke, an der sich Wasserdampf in Nebeltröpfchen verwandelt, wird daher in Moorgebieten häufiger erreicht als in anderen Landschaften.

Täler, Senken und Brücken

Nebel und Reifglätte machen sich häufig auch in Tälern und Geländesenken des Berglands breit. Die kalte Luft strömt talwärts und füllt den Grund des Tals. Bäche und Flüsse liefern die für den Nebel notwendige Feuchtigkeit. Der Strahlungsnebel der tieferen Lagen kommt meist in relativ dünnen Schwaden vor. Sie können hinter jeder Kurve urplötzlich auftauchen.

Ebenso schlagartig ändert sich mitunter der Straßenzustand bei der Auffahrt auf eine Brücke. Da die Fahrbahnen hier vom Wärmestrom aus dem Erdboden abgeschnitten sind, vereisen sie früher und öfters als die auf festem Untergrund. Auf hohen Brücken, wie der über den Fehmarnsund, besteht zusätzlich Gefahr durch starken Seitenwind. Schwere Sturm- und Orkanböen, die ein Fahrzeug seitlich treffen, üben einen Druck von mehr als 50 kg pro Quadratmeter aus und sind daher in der Lage, es aus der Spur zu werfen. Stark gefährdet sind leichte Fahrzeuge, aber auch solche mit einer großen Angriffsfläche, wie Wohnwagengespanne, Wohnmobile oder unbeladene LKW.

Aquaplaning-Gefahr besteht überall dort, wo das Wasser bei kräftigen Regengüssen nicht schnell genug abläuft und/oder sich in Spurrillen und anderen Vertiefungen der Fahrbahnen sammeln kann. Auf nicht seitlich geneigten Fahrbahnabschnitten, etwa im Zentrum einer S-Kurve, kommt Wasserglätte besonders häufig vor, ebenso in Unterführungen mit Gullys oder auf Steigungsstrecken, auf denen das Wasser den Fahrzeugen bei heftigem Starkregen mitunter in Fluten entgegenkommt. Gleichzeitig wächst das Risiko mit der Breite der Straße, z.B. auf vielspurigen Autobahnkreuzen.

Aquaplaning
Der Wasserfilm, der sich bei Regengüssen auf den Fahrbahnen bildet, wird – bei ausreichender Profiltiefe und angepasster Geschwindigkeit – vom Reifenprofil seitwärts und nach hinten abgeleitet. Die Reifen behalten so den vollen Kontakt zur Fahrbahnoberfläche. Wird die Wasserschicht aber zu dick und ist die Geschwindigkeit zu hoch, dann staut sich das Wasser vor den Reifen zu einer Art Bugwelle und die Haftung nimmt ab. Im Extremfall schiebt sich ein Wasserkeil unter den Reifen und lässt ihn aufschwimmen – der Autofahrer verliert schlagartig die Kontrolle über sein Fahrzeug. Alarmsignale für Aquaplaning sind Wasserrauschen von unten, eine „schwammige“ Lenkung und der aufheulende Motor.

Thermik und Böen

Die Wasserkuppe in der Rhön gilt als die Wiege des Segelflugsports. Auf Hessens höchstem Berg (950 m) sind die Bedingungen dafür nahezu ideal: Der Gipfel wird überwiegend von Bergwiesen eingenommen, die sich bei Sonneneinstrahlung wesentlich stärker erwärmen als einzelne kleine Waldbestände. Die erhitzte leichtere Luft steigt über dem Grasland in großen Blasen rasch auf und trägt die Segelflugzeuge wie ein unsichtbarer Fahrstuhl in größere Höhen.

Von der so genannten Thermik, den durch kräftige Erwärmung der Erdoberfläche verursachten aufwärts gerichteten Luftströmungen also, profitieren nicht nur Segelflieger, sondern z.B. auch Drachen- und Gleitschirmflieger. Sie erkennen die Aufwindschläuche an den Haufenwolken, die sich an deren oberem Ende bilden, jedoch nur bei genügend Luftfeuchtigkeit. Ist die Luft zur Wolkenbildung zu trocken, dann wird die Suche nach der Trocken- oder Blauthermik in wolkenfreier Luft schwieriger. In den Alpen zeigen die „Föhnfische“ (S. 126) ausgedehnte, wellenförmige Aufwindfelder an, die die Segelflieger für ihre Langstreckenflüge ähnlich zu nutzen wissen wie die Surfer die Brandungswellen .

Die Thermik ist im Freizeitflugsport erwünscht, Böigkeit hingegen – kurzzeitige, unberechenbare Schwankungen von Windgeschwindkeit und -richtung – ist gefürchtet. Böige Winde sind für viele Unfälle verantwortlich. Mit ihnen muss in den bodennahen Luftschichten vor allem über einem Untergrund gerechnet werden, auf dem Wälder, Wiesen, Gewässer und andere Flächen auf engstem Raum wechseln – sie erwärmen sich bei Sonneneinstrahlung unterschiedlich stark. Eine ständige Gefahr ist böiger Wind in den Hochgebirgen. Dort kommt es hauptsächlich am oberen Rand der Leehänge häufig zu heftigen Verwirbelungen der Luftmassen.

Fliegen ...
... ist eine variantenreiche Fortbewegungsart innerhalb der Erdatmosphäre. Auch ein Stein, der vom Boden aus in die Luft geschleudert wird, „fliegt“ – allerdings nur so lange, bis seine Bewegungsenergie verbraucht ist. Vögel, Segelflugzeuge oder Paraglider erhalten dagegen gerade durch die Fortbewegung dynamischen Auftrieb und können theoretisch unendlich lange in der Luft bleiben, sofern sie aufwärts gerichtete Luftströmungen nutzen können. Die Bedingungen dafür sind in der Regel bei sonnigem und warmem Wetter am besten.

Luft-Fahrt
Ein Heißluftballon oder ein mit einem Gas geringer Dichte gefülltes Luftschiff erfährt einen statischen Auftrieb, ähnlich wie ein Schiff auf dem Wasser – das Luftschiff „fährt" also durch das Luftmeer. Die Bedingungen für diese Art der Fortbewegung sind am besten dort, wo die Dichteunterschiede zwischen dem Medium innerhalb des Auftriebskörpers und der Außenluft am größten sind. Kühle Morgen- und Abendstunden eignen sich darum für Fahrten mit dem Heißluftballon besser als die heiße Mittagszeit.

Luftlöcher
Keine andere Sphäre der Erde ist so homogen wie die Atmosphäre, die Lufthülle. Trotzdem mussten schon viele Flugpassagiere die Bekanntschaft mit einem „Luftloch" machen: Die Maschine sackt plötzlich ab, fällt wie ein Stein in ein unsichtbares Loch, bevor es dem Piloten gelingt, sie wieder unter Kontrolle zu bringen. Bei heftigeren Sturzflügen kommt es vor, dass nicht angeschnallte Flugbegleiter und Passagiere an die Kabinendecke geschleudert und von umherfliegenden Gepäckstücken verletzt werden.

Kräftige, abwärts gerichtete Luftströmungen sind die wahren Ursachen solcher „Luftlöcher"; umgekehrt sorgen auch starke Aufwinde mitunter für Turbulenzen. Normalerweise ist der engräumige Wechsel von Ab- und Aufwinden charakteristisch für die Zirkulation in Gewitterwolken; der erfahrene Flugpassagier schließt daher den Gurt, sobald diese mächtigen Wolkenformationen am Horizont auftauchen. Turbulenzen können ein Flugzeug allerdings auch in wolkenfreier Luft außerhalb von Gewitterzellen und hohen Quellwolken, aus heiterem Himmel, treffen – ein Phänomen, das in der Flugmeteorologie als Clear-air-Turbulenz (abgekürzt CAT; von *clear air* = klare Luft) bezeichnet wird. Es ereignet sich in der oberen Troposphäre und dort insbesondere am Rand der Strahlströme (S. 41), wo heftige vertikale Windscherungen auftreten. Im Extremfall sind Turbulenzen so stark, dass das Flugzeug im Flug auseinander bricht – was glücklicherweise nur selten vorkommt.

Übersteigertes Schönwetter

„Schönes" Wetter hat des Öfteren überhaupt keine schönen Folgen: In sehr warmen Sommern kommen allein in Deutschland mindestens 600 Menschen bei Badeunfällen um. In den Alpenländern brechen Bergwanderer und Bergsteiger frühmorgens bei besten Wetterverhältnissen zu Touren auf, um einige Stunden später plötzlich von einem Wettersturz mit fatalen Folgen überrascht zu werden. Der Wettertyp, der zu spontanen Ausflügen ins Hochgebirge (häufig ohne angemessene Vorbereitung und Ausrüstung) verführt, wird im Schema der Wetterphasen (S. 78) treffend als „übersteigertes Schönwetter" bezeichnet: Die Luft in den Tälern ist ungewöhnlich warm, selbst im Spätherbst erreicht sie mitunter hochsommerliche Temperaturen, z.B. 24 °C im November 2002 in den Salzburger Alpen; die Sonne scheint von einem nahezu wolkenlosen Himmel, und in der oft sehr trockenen Atmosphäre (weniger als 30 % relative Luftfeuchte) ist die Fernsicht hervorragend; den starken bis stürmischen böigen Wind nimmt man dabei gerne in Kauf.

Nach diesem warmen und trockenen Wind, dem Föhn (lat. *favonius* = der Milde), ist die Wetterlage benannt, die z.B. am Nordrand der Alpen an durchschnittlich 20–30, in den annähernd in nord-südlicher Richtung verlaufenden Alpentälern, den „Föhngassen", auch noch an ein oder zwei Dutzend Tagen mehr im Jahr das Wettergeschehen bestimmt. Er verfrachtet zwischen einem Hochdruckgebiet östlich der Alpen und einem Tief über Frankreich oder dem Ostatlantik feucht-warme Mittelmeerluft aus südlichen Himmelsrichtungen nach Norden.

Föhnleiden und Föhnfreuden

Der Föhn hat in den Alpen und im Alpenvorland keinen guten Ruf. Wetterfühlige Menschen müssen bei Föhnwetterlagen wahre Qualen erdulden. Andere erleben dagegen zur gleichen Zeit ein seltsames Glücksgefühl, den Föhnrausch. Die genauen Ursachen für beide Reaktionen sind nicht bekannt. Noch rätselhafter wird der bioklimatologische Aspekt des Föhns durch die Tatsache, dass es föhnartige Winde zwar in vielen Gebirgen der Erde gibt, z.B. den Chinook in den Rocky Mountains, die Zonda in den patagonischen Anden oder den Nord-Föhn in den Südalpen – aber von Föhnleiden und Föhnfreuden wird fast ausschließlich von der Nordseite der Alpen berichtet.

Föhn

An der Südflanke der Alpen steigen die Luftmassen auf, und der in ihnen reichlich enthaltene Wasserdampf kondensiert in den höheren und kühleren Gebirgsstockwerken; es bilden sich Wolken, aus denen es in Strömen regnet. Die Luft, die im nördlichen Alpenvorland ankommt, ist sehr trocken, allerdings nicht

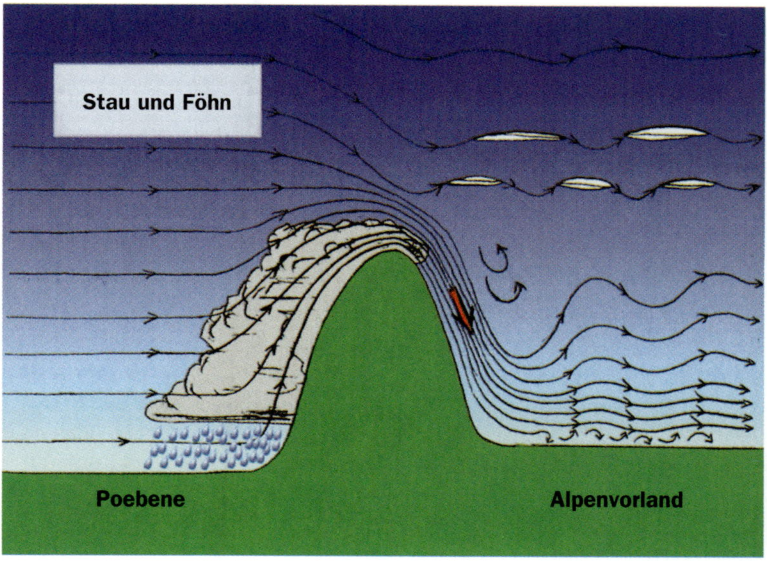

weil sich die Wolken jenseits der Alpenhauptkämme „ausregnen“ – in der Regel geht nur ungefähr ein Zehntel ihrer Wasserdampffracht als Regen oder Schnee nieder. Die Trockenheit entsteht vielmehr bei der Erwärmung der Luft während des Abstiegs in tiefere Atmosphärenstockwerke. Sie erwärmt sich um etwa 1 Grad pro 100 Höhenmeter, dadurch wächst ihr Sättigungsdefizit, sie wird immer „durstiger“.

Bei Föhn können die Lufttemperaturen innerhalb weniger Stunden um 10–15 Grad ansteigen, vor allem im Winter. Dieser rasche Temperaturanstieg, der den warmen Wind in den Wintersportorten zu einem gefürchteten „Schneefresser“ macht, hat drei Ursachen: Vor dem Anstieg an der Südflanke der Alpen weist die Mittelmeerluft meist relativ hohe Temperaturen auf; dann kühlt sie sich innerhalb der Wolkenzone ab, allerdings nur um etwa ein halbes Grad je 100 Höhenmeter; nach einem Aufstieg um 2000 m ist die Wolkenluft daher über den Gipfeln um fast 10 Grad wärmer als trockene Luft in gleicher Höhe, und dieser Wärmegewinn bleibt beim Abstieg an der Leeseite fast vollständig erhalten: als trocken-warmer Föhn.

Alpine Wetterscheide
Bei Föhnwetterlagen könnte die Witterung diesseits und jenseits der Alpen nicht gegensätzlicher sein. Auf der Stauseite im Süden fallen ergiebige Niederschläge, nicht selten mehr als 100 Liter pro Quadratmeter, im Norden trocknen dagegen der stürmische Wind und die intensive Sonneneinstrahlung die Flora aus.

Föhnfische
Während sich bei Föhnwetterlagen an der Luvseite der Gebirge mächtige Regenschichtwolken auftürmen und zum Teil wie eine Tischdecke ein Stück über die Gebirgskämme hinabhängen, sind an der windabgewandten Seite nur einzelne linsen- oder fischartige Wolkenbänke zu beobachten. Diese „Föhnfische" entwickeln sich an wellenförmigen Auf- und Abwindfeldern, wobei im Bereich der aufwärts gerichteten Luftströmung die Wolke ab einer gewissen Höhe durch die Kondensation des Wasserdampfs wächst, im Abwindfeld aber von der Verdunstung aufgezehrt wird.

Wetterumschlag

Der Südföhn, also jener Wind, der aus südlichen Himmelsrichtungen über die Alpen weht und an der Nordflanke des Gebirges für ungewöhnlich warmes, trockenes und sonniges Wetter sorgt, ist hauptsächlich ein Phänomen der Frühjahrs- und Herbstmonate. Er hält durchschnittlich 1–2 Tage an, kann aber nach einer kurzen Pause wieder erwachen, wenn das Hochdruckgebiet im Osten der Alpen an seinem Platz verharrt und sich von Westen her ein weiteres Tief nähert. Da Tiefdruckgebiete gesellig sind und meist in Familien auftreten, dauert eine Föhnwetterlage insgesamt mitunter bis zu einer Woche an.

Ganz ungetrübt und ungefährlich ist das brillante „Kaiserwetter" in diesem Zeitraum nicht. In der klaren Atmosphäre holt man sich schnell einen Sonnenbrand, auf ausgesetzten Bergsteigen kann der böige Wind, manchmal mit Orkanstärke, zur Gefahr werden, ebenso auf den Seen am Alpenrand, und wer z.B. von den Ufern des Vierwaldstätter Sees bei frühlingshaften Temperaturen zu einer Tour auf den Pilatus aufbricht, vergisst leicht, dass ihn bei Föhnwetterlagen auf dem Gipfel etwa 15 Grad tiefere Temperaturen erwarten – die durch den Windchill (S. 33) des stürmischen Föhns noch viel kälter empfunden werden.

Der Föhn bricht aus, wenn sich die trocken-warme Luft bis zum Grund der Täler oder ins Vorland durchsetzt, und er bricht oftmals in ebenso kurzer Zeit zusammen. In wenigen Stunden führt er zu einem Wetter, das sich vom vorhergehenden in jeder Hinsicht unterscheidet. Abrupte Wetterumschläge sind auch im Tiefland nicht selten, doch kaum einmal ist der Wettersturz so krass und gefährlich wie im Hochgebirge. Wenn die Kaltfront des Tiefs durchzieht, dreht der Wind auf nordwestliche Richtungen, treibt kühle Polarluft und Wolken heran, die Lufttemperatur sinkt rasch, häufig bis unter den Gefrierpunkt, es kommt zu starken Regen- und Schneefällen und heftigen Gewittern, und die Sichtweite verringert sich manchmal bis auf wenige Meter. Wer Glück hat, erreicht noch rechtzeitig eine Berghütte oder die Station einer Bergbahn.

Wettersturz

Normalerweise endet jeder stärkere Südföhn früher oder später mit einem Wetterumschlag. Und oft erreicht dieser Alpenwind seine größte Stärke kurz bevor er abflaut. Die charakteristischen „Föhnfische" sind daher im Allgemeinen Schlechtwettervorboten. Zeigen sich die mittelhohen Föhnfisch-Wolken am Himmel, dann steht eine deutliche Wetterverschlechterung binnen 24–48 Stunden bevor. In noch kürzerer Zeit muss mit dem Zusammenbruch des Föhns gerechnet werden, wenn diese Wolken fernab von den Gebirgskämmen über dem flachen Vorland auftauchen. Auch anderen Wolkentypen und Wetterphänomenen sollte der Bergwanderer und Bergsteiger Aufmerksamkeit schenken, beispielsweise den türmchenförmigen und bauschig aufgeblähten Wolkenformationen (S. 67) oder den Haloerscheinungen (S. 31).

Die sichersten Prognosen gewinnt man bei der Zusammenschau der lokalen Wetterzeichen und Luftdruckwerte sowie beim Blick auf die Wetterkarte bzw. das Satellitenbild. Dabei deuten ein kräftiger Anstieg des Luftdrucks und die Annäherung einer Kaltfront auf ein baldiges Ende der Südföhnwetterlage und damit auf einen markanten Wettersturz hin.

Beruhigender Anblick
Sonnenaufgang im Hochgebirge: Die vereisten Felswände erstrahlen bereits im Licht der Sonne, die Täler liegen noch in tiefem Schatten. Zartes goldgelbes Licht wie hier spricht für beständiges, schönes Wetter. Je farbintensiver aber das Morgen- oder Abendrot ist, um so wahrscheinlicher wird eine bevorstehende Wetterverschlechterung.

Wetter in Luv und Lee
Am Cotopaxi (5897 m), dem höchsten aktiven Festlandsvulkan, stauen sich die von Osten, aus dem Amazonastiefland, herangeführten feuchten Luftmassen und kondensieren zu Wolken – über dem Gipfel in Form einer Baskenmütze. Im Lee des Bergriesen reißt die Bewölkung auf, und nur einzelne Wolkentürme steigen empor.

Sturm

Allgemein gelten Inseln und Küsten als besonders stürmische Gegenden, doch nach der Wetterstatistik weht der Wind gerade über den höchsten Höhen im Binnenland am stärksten. Die mittlere Windgeschwindigkeit ist z.B. über dem Brocken im Harz fast doppelt so hoch wie über der Nordspitze der Insel Sylt. Über den Alpengipfeln erreicht der Wind gelegentlich Geschwindigkeiten eines tropischen Wirbelsturms, so zum Beispiel am 27. Februar 1990 285 km/h über dem Jungfraujoch im Berner Oberland oder am 12. Juni 1985 gar 335 km/h auf der Zugspitze.

Reif für Blitz und Donner
Das Reifestadium von Gewitterwolken ist erreicht, wenn der Kopf der Wolke in einzelne Strähnen zu einem Gewitterschirm zerfasert – häufig in Form eines Ambosses. Die gewaltige Ambosswolke über dem Manaslu-Himal wird bald in sich zusammenfallen, denn gegen Abend lässt die Zufuhr von Sonnenenergie nach.

Verhalten bei Gewittern

- Den Himmel ständig im Auge behalten, vor allem auf die charakteristischen Gewitterwolken achten! Da der Donner etwa 15–20 km weit zu hören ist und Gewitterwolken mit einer Durchschnittsgeschwindigkeit von 40 km/h ziehen, bleibt für den Rückzug meist eine knappe halbe Stunde Zeit.
- Spätestens beim ersten Donnergrollen möglichst schnell ein massives Haus mit Blitzschutzanlage aufsuchen! Im Haus sich von elektrischen Geräten und Anschlüssen fernhalten, die Gerätestecker ziehen und die Fenster schließen! In einfachen Hütten und Zelten sich in der Mitte des Raums niederhocken, keinesfalls die Außenwände berühren! Autos bieten (bei geschlossenen Fenstern und eingefahrener Antenne) als „Faraday'sche Käfige" besten Schutz vor dem Blitzschlag.
- Im Freien höhere Punkte der Erdoberfläche wie Bergspitzen, Felsgrate oder Türme meiden, ebenso einzeln stehende Bäume (nicht nur Eichen!), moorige Böden und die Ufer von Gewässern! Niemals bei Gewitter baden oder surfen! Radtouren abbrechen und die Fahrräder sowie Ausrüstungsgegenstände aus Metall in größerer Entfernung ablegen!
- Sich nicht an Waldrändern unterstellen, sondern im Innern des Waldes Schutz suchen! In offenem Gelände sich in einer Bodenmulde mit eng geschlossenen Füßen niederhocken!

Höchste Alarmstufe
Unter dem Kern der Gewitterwolke verdüstert sich der Himmel und wirkt dann besonders bedrohlich. Von ihrer Unterseite hängen oftmals einzelne Wolkenfetzen herab, manchmal bilden mittelhohe Wolken auch ein regelmäßig geflochtenes „Gewitternetz". In beiden Fällen stehen elektrische Entladungen unmittelbar bevor, und es ist jetzt höchste Zeit, einen sicheren Ort aufzusuchen.

Ein Superorkan von 335 km/h übt auf eine Fläche von 1 m^2 einen Staudruck von mehr als einer halben Tonne aus, ein Mensch wird bei einem solchen Sturm buchstäblich zum Spielball der Naturgewalten. Die hohen Windgeschwindigkeiten sind zum einen die Folge der großen Höhe und der geringeren Reibung an der Erdoberfläche, zum andern werden die Luftströmungen in den Hochgebirgen häufig durch Düseneffekte in Tälern und auf Passhöhen verstärkt.

Zu den Unwettern, mit denen man im Hochgebirge ebenfalls überdurchschnittlich häufig rechnen muss, gehören auch die Gewitter. Die Kenntnis der Gewittervorboten und der richtigen Verhaltensweisen bei Blitz und Donner (oben) sind daher ein fester Bestandteil des kleinen Einmaleins des Bergsteigens. Über den Blitzschlag hinaus stellen heftige Stark- und Dauerregen, die Erdrutsche und Schlammlawinen auslösen können, zusätzliche Gefahrenquellen dar.

Lawinen

Januar 1951: In Österreich sterben bei 37 Lawinenabgängen 135 Menschen; 10. Januar 1954: Im Großen Walsertal werden 57 Einheimische und Urlauber Opfer von Lawinen; 23. Februar 1999: Schneemassen begraben in Galtür im Paznauntal 38 Menschen – nur einige Beispiele für Lawinenkatastrophen allein in den österreichischen Alpen.

Schnee, der auf steile Hänge mit einem Gefälle zwischen 20 und 50° fällt, bleibt nur selten am Ort liegen, sondern bewegt sich unter dem Einfluss der Schwerkraft talwärts. Von einer Lawine spricht man, wenn Schnee- und Eismassen ruckhaft in Bewegung geraten und mindestens 50 m weit verfrachtet werden. Je nach der Art der verlagerten Massen (trockener Schnee, gepresster Schnee, Schneematsch, Eis), der Form des Abbruchs (an einer Linie, an einem Punkt) und der Art der Bewegung (durch die Luft wirbelnd, fließend, gleitend) lassen sich Dutzende von Lawinentypen unterscheiden, was die Prognose erheblich erschwert. Z.B. setzt sich eine Schneebrettlawine aus überwiegend festem Schnee meist nach einem lauten Knall, entlang einer Linie in Bewegung, erreicht nur ausnahmsweise eine Geschwindigkeit von mehr als 30 km/h, lässt aber als großflächiges Ereignis dem Bergtouristen kaum eine Chance zum Entrinnen. Die Ursachen für den plötzlichen Abgang sind bei diesem wohl gefährlichsten Lawinentyp unter der Schneeoberfläche verborgen: Schichten aus sehr lockerem, bei Windstille gefallenem Schnee, Gleithorizonte an Reif- und Harschschichten und eine feuchte Bodenoberfläche.

Rasende Schneewolken
Staublawinen bestehen aus einem Gemisch von lockerem Schnee und Luft. Die Schneewolken, die nach Neuschneefällen von Steilhängen stürzen, erreichen Geschwindigkeiten von zum Teil mehr als 300 km/h. Die Druckwellen, die ihrer Front vorauseilen, können Fenster und Türen eindrücken. Und das nachfolgende Schnee-Luft-Gemisch übt einen Staudruck von bis zu 7 Tonnen pro Quadratmeter aus – da bleibt kein Stein auf dem anderen.

In fast der Hälfte aller Fälle werden Lawinen durch die Kombination von starkem Neuschneefall und Schneedrift (Schneeverwehung) ausgelöst. Ab etwa 70 cm Neuschnee besteht akute Lawinengefahr; dabei muss allerdings berücksichtigt werden, dass diese kritische Grenze im offenen Gelände meist schon viel früher erreicht wird als an den Schneemess-Stationen. Denn starke, beständige Winde, die den Schnee über die Bergkämme wehen und im Windschatten wieder ablagern, können dort die Neuschneemenge ohne weiteres verdoppeln oder verdreifachen.

Steinregen droht
An den nach Süden und Südwesten gerichteten Felswänden ist die Gefahr von Steinschlag besonders groß. Dort pendelt die Temperatur häufig um den Gefrierpunkt und beschleunigt so die Frostverwitterung.

Was man wissen sollte

Auch in den Alpen können innerhalb weniger Tage (oder auch an einem einzigen Tag) Neuschneemengen von 1–2 m vorkommen. Sie sind meist an Wetterlagen gebunden, bei denen kräftige Winde aus nördlichen oder südlichen Himmelsrichtungen feuchte, vergleichsweise milde Luftmassen gegen die Alpenhauptkämme treiben und dort im Stau ergiebige Niederschläge verursachen. Ein großer Teil des gefallenen Schnees wird dabei in windschwache Bereiche der Leehänge verweht. Steigt die Lufttemperatur zeitweise über den Gefrierpunkt, geht der Schnee in Regen über; und wenn der durchweichte Schnee beim nächsten Kaltluftvorstoß gefriert, dann ist für den folgenden Neuschnee ein äußerst labiles Fundament geschaffen. Ebenso kritisch ist sonniges, strahlungsintensives Wetter im Frühjahr, es verwandelt den noch vorhandenen Schnee in Schneematsch, und Schneematschlawinen gehen zuweilen sogar auf Böschungen von weniger als 20° Neigung ab.

Nach der Skala der Lawinengefährdung können Lawinen bereits in der zweiten Gefahrenstufe und bei einigermaßen stabilem Zustand der Schneedecke durch Gruppen von Wintersportlern ausgelöst werden – in den weiteren Gefahrenstufen bis zur Stufe 5 genügt schon eine noch geringere Belastung. Im Zweifelsfall sollten deshalb alle Hänge außerhalb der gesicherten Pisten gemieden werden.

Steinschlag
Kleinere oder größere Felsstürze können in jeder Jahreszeit niedergehen, verstärkt aber im Frühjahr: Dann schmilzt das eisige Bindemittel in dem im Winter durch die Frostsprengung gelockerten Gestein. Auch nach klaren, kalten Nächten in den Vormittagsstunden, wenn die Sonne auf die Felswände scheint, ist mit Steinschlag zu rechnen. Starkregen im Sommer lösen ebenfalls verheerende Felsstürze aus.

Wellen und Wind

Wind erzeugt Wellen: an der festen Erdoberfläche etwa im lockeren Sand, aber auch in der Atmosphäre, wo z.B. die Föhnwolken an wellenförmigen Auf- und Abwindfeldern entstehen, vor allem jedoch an der Oberfläche von Gewässern. Ab einer Windgeschwindigkeit von 2–3 km/h entwickeln sich die ersten winzigen Wellen der Windsee. Mit zunehmender Windstärke wachsen dann Wellenhöhe, Wellenlänge und Wellenperiode. Bereits bei „mäßig bewegter See" laufen die Wellen zu Höhen von bis zu 2,5 m auf, und am oberen Ende der Seegangsskala erreichen sie Höhen von mehr als 14 m.

Allerdings setzt sich der Seegang immer aus Wellen unterschiedlicher Höhe zusammen. Ungefähr 1 Prozent aller Wellen überschreitet die kennzeichnende Wellenhöhe um das 1,5-fache. Bei einer durchschnitt-

Wind und Wellen
Der Wind, der die Segel einer Jacht füllt (hier der berühmte britische Klipper *Cutty Sark*), überträgt seine Energie gleichzeitig auf die Wasseroberfläche und erzeugt in dem betreffenden Meeresgebiet die Wellen der Windsee. Hinzu kommt die Dünung, das sind lange Wellen, die sich aus anderen Meeresgebieten zuweilen über Tausende von Kilometern ausbreiten. Windsee und Dünung bilden zusammen den Seegang, der ähnlich wie die Windstärke nach einer zehnteiligen Skala geschätzt wird.

BEAUFORT-SKALA

Windstärke in Beaufort	Auswirkungen	m/Sek	km/h
0 = Windstille	Rauch steigt senkrecht auf. Spiegelglatte See.	0,0–0,2	bis 1
1 = sehr leichte Brise	Rauchablenkung sichtbar. Kleine Kräuselwellen.	0,3–1,5	bis 5
2 = leichte Brise	Im Gesicht spürbar. Kurze Wellen mit glasigen Kämmen.	1,6–3,3	bis 11
3 = schwache Brise	Dünne Zweige bewegen sich. Vereinzelte kleine Schaumköpfe.	3,4–5,4	bis 19
4 = mäßige Brise	Loses Papier fliegt davon. Längere Wellen, weiße Schaumköpfe.	5,5–7,9	bis 28
5 = frische Brise	Größere Zweige bewegen sich. Zahlreiche weiße Schaumkämme.	8–10,7	bis 38
6 = starker Wind	Starke Äste bewegen sich. Bildung großer Wellen.	10,8–13,8	bis 49
7 = steifer Wind	Bäume bewegen sich. Wellen beginnen zu brechen.	13,9–17,1	bis 6
8 = stürmischer Wind	Autos geraten ins Schleudern. Wellenkämme verwehen als Gischt.	17,2–20,7	bis 74
9 = Sturm	Leichte Beschädigungen. Hohe Wellenberge, die See rollt.	20,8–24,4	bis 88
10 = schwerer Sturm	Entwurzelte Bäume. Die See ist schaumweiß.	24,5–28,4	bis 102
11 = orkanartiger Sturm	Schwere Zerstörungen. Sichtbeeinträchtigung durch Gischt.	28,5–32,6	bis 117
12 = Orkan	Verwüstungen. Keinerlei Fernsicht mehr.	≥ 32,6	≥ 117

lichen Wellenhöhe von 3 m und einer Periode von 6 Sekunden treten daher im Mittel alle 10 Minuten Einzelwellen von 4,5 m auf. Abgesehen davon, dass in den Seegang mit der Dünung Wellen eingebettet sind, die mit der Windgeschwindigkeit vor Ort nichts zu tun haben, ist die Höhe der Wellen nicht allein das Ergebnis der Windstärke. Wind muss vielmehr über eine gewisse Strecke hinweg auf die Wasseroberfläche einwirken – auf sehr kleinen Flächen entsteht niemals die der jeweiligen Windgeschwindigkeit entsprechende ausgereifte Windsee. Außerdem spielt der Zeitraum eine wichtige Rolle: Auch bei steifem Wind wächst die Wellenhöhe z.B. erst nach über 50 Stunden auf die maximale Wellenhöhe von mehr als 5 m an.

Beaufort
Die Windstärke wird traditionell nach einer Skala bestimmt, die 1806 von dem britischen Admiral Sir Francis Beaufort eingeführt wurde. Ursprünglich reichte diese Skala von 0 Bft (Windstille) bis 12 Bft (Orkan). Zur Charakterisierung schwerster Orkane dient heute eine um 5 Grade erweiterte Skala, die mit 17 Bft (Windgeschwindigkeit größer als 202 km/h) endet.

Stürmische Nadelöhre
Zu den Lehrbuchbeispielen der Windverstärkung in Meerengen durch Düseneffekte gehört die Straße von Gibraltar am westlichen Eingang des Mittelmeers. Ob nun der Wind hier als Poniente aus westlichen oder als Levanter aus östlichen Himmelsrichtungen weht: In dem engen Nadelöhr wird er ohne weiteres um zwei Windstärkengrade verstärkt – zur Freude der Surfer, die hier am Surf-Spot Tarifa fast immer ideale Bedingungen, das heißt sonniges Wetter und mindestens eine mäßige bis frische Brise, finden.

Kritische Regionen

Bei rauem Wetter ist die Navigation auf dem offenen Meer ohnehin schwierig genug, in Küstennähe wird sie nicht selten zum unkalkulierbaren Wagnis, vor allem in Meeresgebieten mit zahlreichen Inseln und Halbinseln, wie der westlichen Ostsee oder dem Mittelmeer. Dort kommt es durch Kaps, Steilküsten und Meerengen oft zu einer kaum berechenbaren Ablenkung, Verwirbelung und Verstärkung der Luftströmungen, etwa in den schmalen Meeresstraßen der dalmatinischen Küste, durch die sich die Luftmassen zwängen müssen – als Folge des Düseneffekts werden dabei die Winde auf mitunter mehr als 150 km/h beschleunigt.

Die Adria gilt zudem als ausgesprochenes Gewitternest. In dem Küstenort Pula zählt man im Jahresdurchschnitt 43 Gewittertage, mehr als doppelt so viele wie an der deutschen Nord- und Ostseeküste. Boote und Schiffe sind bei schweren Gewittern auf dreifache Weise stark gefährdet: durch Blitzschlag, durch orkanartige Böen bei Kaltluftvorstößen aus der Gewitterwolke und bisweilen auch durch Wasserhosen, tornadoartigen Wirbelstürmen, die Gischt mit enormer Geschwindigkeit bis zu 100 m Höhe aufwirbeln können. Sie treten am häufigsten dort auf, wo kühlere und wärmere Luftmassen aus verschiedenen Richtungen gegeneinander strömen. Die aufgepeischten Wogen treffen als gefürchtete Kreuzseen zusammen und versteilen sich zu extrem hohen Wellen.

	Wetterregeln (nicht nur) für Wassersportler
Luftdruck	Gleichbleibender Luftdruck spricht für beständiges Wetter. Steigt der Druck langsam und gleichmäßig an, dann steht eine nachhaltige Wetterbesserung bevor. Einem schnellen Druckanstieg folgt dagegen meist nur eine vorübergehende Besserung.
Luftschwankungen	Luftdruckschwankungen von mehr als 4 hPa (Hektopascal) in 3 Stunden lassen starken bis stürmischen Wind erwarten. Als alarmierende Sturmzeichen gelten Änderungen von mehr als 10 hPa in 3 Stunden.
Wind und Regen	„Kommt erst der Wind und dann der Regen, kannst dich ruhig schlafen legen; kommt erst der Regen und dann der Wind, mach die Segel fest geschwind." Die alte Seglerregel beruht auf der Erfahrung, dass am Rand eines Tiefdruckgebiets im Vorfeld einer Luftmassengrenze der Wind allmählich auffrischt und anschließend gleichmäßiger Regen einsetzt. Im Kern des Tiefs rückt die Front hingegen schneller vor, schauerartiger Regen setzt schon vorher ein, gefolgt von heftigen Böen.
Land- und Seewind	Land- und Seewind (S. 91) sind in der Regel sichere Anzeichen für beständiges Wetter.
Wetterumschwung	Mit einem Wetterumschwung ist zu rechnen, wenn sich die vorher gleich bleibende Windrichtung abrupt ändert.
Wolken	Wolken, deren Untergrenzen im Lauf von Stunden absinken, kündigen Niederschlag und zunehmenden Wind an. Ziehen die Wolken in der Höhe in eine Richtung, die deutlich von der Bodenwindrichtung abweicht, so steht fast immer eine Wetterverschlechterung bevor.
	Dem Wolkenaufzug gegen Abend folgen im Allgemeinen Regen und Wind, bzw. das veränderliche Wetter dauert an.

Windflüchter
Wo Bäume und Sträucher, wie hier an der Nordostecke Mallorcas, ihre Kronen weit mit der vorherrschen Windrichtung neigen, also vor dem Wind fliehen, herrscht häufig stürmisches Wetter. Im nordwestlichen Mittelmeer peitschen der Mistral und die Tramontana das Meer mitunter zu mehr als 10 m hohen Wellen auf – eine Gefahr, die manche Badeurlauber unterschätzen.

Zu heiß? Zu kalt?

Die Lufttemperatur lässt sich zwar bis auf Bruchteile von Grad exakt bestimmen, aber die Frage, ob das Wetter an einem bestimmten Tag nun überdurchschnittlich „heiß" oder „kalt" ist, kann nicht allgemein verbindlich beantwortet werden, jedenfalls nicht für die ganze Welt, dazu sind die Unterschiede einfach zu groß. In Mitteleuropa, wo die absoluten Temperaturextreme um +40 °C bzw. -40 °C schwanken, gilt ein Tag als „Sommertag", wenn die Höchsttemperatur mindestens 25 °C beträgt. Und an einem „heißen Tag" erreicht der Höchstwert mindestens 30 °C. „Frosttage" dagegen sind Tage mit einer Tiefsttemperatur unterhalb des Gefrierpunktes, an „Eistagen" bleibt die Höchsttemperatur ganz unter 0 °C.

Mithilfe dieser Definitionen können Hitze- und Kälteperioden mit lang anhaltenden extremen Temperaturen genauer charakterisiert werden. Außergewöhnlich heiß war der Sommer 2003, in dem in der Schweiz und in Deutschland die höchsten jemals gemessenen Temperaturen am Tag (über 40 °C) und in den Nachtstunden (gut 26 °C) verzeichnet wurden. Auch von der Dauer der Hitzeperiode her setzte dieser „Jahrhundertsommer" mit bis zu 84 Sommertagen am Oberrhein neue Maßstäbe – analog gehörten zu den Strengwintern etwa die Winter 1928/29 oder 1962/63.

Die Begriffe „Hitzewelle" und „Kältewelle" lassen vermuten, dass Hitze- und Kälteperioden abrupt mit einem plötzlichen Temperaturanstieg bzw. -sturz beginnen. Das trifft jedoch hauptsächlich nur für Nordamerika zu, das für einen raschen Luftmassenaustausch weit geöffnet ist. Dort registrierte man schon Temperaturschwankungen um etwa 27 Grad innerhalb von 2 bzw. 15 Minuten. Diesseits des Atlantiks bringen uns vor allem langlebige, stabile Hochdruckgebiete Hitze oder Kälte.

Kälteperioden dauern normalerweise nur wenige Tage bis Wochen an. Es kann allerdings auch vorkommen, dass ein ganzes Jahr zu kalt ausfällt. 1816 war beispielsweise ein solches Jahr; vor allem auf der Nord-

Vulkanischer Winter
Wie hier nach dem Ausbruch des Pinatubo sorgen Aschenwolken nicht nur für schöne blutrote Sonnenauf- und -untergänge, sondern schwächen auch die Sonneneinstrahlung. Nach der vergleichsweise moderaten Eruption des Feuerbergs auf den Philippinen im Jahr 1991 sank die Durchschnittstemperatur in den beiden folgenden Jahren weltweit um bis zu 0,5 Grad.

halbkugel wechselten sich damals Dauerregen, Schneestürme und Kältevorstöße ab. Noch im Hochsommer froren in den Neuengland-Staaten der USA die Flüsse und Seen zu; in Mitteleuropa ging der Winter 1815/16 als kältester Winter seit Beginn systematischer Wetteraufzeichungen in die Geschichte ein.

Jahre ohne Sommer

Für ungewöhnlich kalte Jahre sind nicht selten Vulkanausbrüche verantwortlich. Bei heftigen explosionsartigen Eruptionen werden riesige Mengen von Schwefelsäure und vulkanischer Asche bis in die Stratosphäre emporgeschleudert. Die winzigen Tröpfchen und Aschenpartikel sinken anschließend sehr langsam wieder zur Erde herab, schätzungsweise um etwa 30 m pro Tag. Es dauert vermutlich 4–5 Jahre, bis sie aus 50 km Höhe zur Erdoberfläche gelangen. Die Aschenwolken vermindern die Sonneneinstrahlung, die Temperaturen sinken. Der Ausbruch des indonesischen Tambora im April 1815 gilt als stärkste Eruption in historischer Zeit. Ihm folgten eine Reihe extrem kalter Winter und kühler verregneter Sommer, wie im Jahr 1816, dem bekanntesten „Jahr ohne Sommer“.

Katastrophal trocken

Januar 2003: Fast im gesamten Westen der USA herrscht extreme Dürre; sie dauert, von einigen Regengüssen unterbrochen, nun schon seit mehreren Jahren an; in Afrika erleben Äthiopien, Mauretanien und Simbabwe eine der schlimmsten Dürreperioden der vergangenen 50 Jahre; der Südosten Australiens leidet ebenfalls unter verheerender Trockenheit, während im tropischen Norden des Kontinents Mitte Januar in nur 3 Tagen bis zu 800 Liter Regen auf jeden Quadratmeter fallen ...

Dürre trotz Wasser
Man könnte annehmen, dass ein völlig ausgetrockneter Boden wie dieser die ersten Regengüsse begierig aufsaugt, aber oft ist genau das Gegenteil der Fall. Lehmige, fruchtbare Böden besitzen im ausgetrockneten Zustand in den oberen Schichten ein schwammartiges Gefüge, dessen Hohlräume mit Luft gefüllt sind. Sie muss vom Wasser erst verdrängt werden, daher dringt Sickerwasser nur langsam in die Tiefe. Der weitaus größte Teil des Niederschlags rinnt zunächst an der Oberfläche des Bodens ab und erodiert ihn dabei.

Außergewöhnliche, lang andauernde Trockenheit ist die Folge von großem Niederschlagsmangel, verbunden mit starker Verdunstung durch hohe Temperaturen und kräftige Winde. Damit sind die tieferen Ursachen von Dürreperioden freilich nicht erfasst. Immerhin ist Niederschlagsmangel gegenwärtig in fast allen Klimazonen der Erde zu beobachten, nicht flächendeckend und ganzjährig, aber mit einigen bemerkenswerten Schwerpunkten, etwa dem kühl- bis kaltfeuchten Nordeuropa, wo der Sommer 2003 sonniger, wärmer und trockener war als in den letzten Jahrzehnten. Dabei gehen Klimamodellberechnungen für die nördlichen Breiten von höheren Niederschlägen aus. Nur die Dürreperioden im Süden passen zu den für die Tropen und Subtropen prognostizierten geringeren Niederschlägen. Dort wird die Troposphäre bis in die mittleren und höheren Schichten hinein wärmer, was dazu führt, dass sich das Temperaturgefälle verringert und damit der Drang feuchtwarmer Luftmassen, von der Erdoberfläche aufzusteigen und in der Höhe Regenwolken zu bilden.

Nützliche Brände
Dürreperioden führen häufig zu ausgedehnten Wald- und Buschbränden. Für viele Pflanzen- und Tierarten sind solche Brände verheerende Katastrophen – aber nicht für alle. Manche profitieren vom Feuer, mitunter ist es sogar für ihre Existenz und das gesamte Ökosystem notwendig. Denn jene Schicht aus Pflanzenresten, die sich in Wäldern auf dem Erdboden aufhäuft, enthält manchmal bestimmte Hemmstoffe, die das Keimen von Samen verhindern. Brände vernichten diese Schicht, und die Samen fallen nachher buchstäblich wieder auf fruchtbaren Boden.

Wetter- und Klimaschaukeln
Einem aufmerksamen Betrachter der Wetterkarte wird nicht entgehen, dass z.B. die Witterung in West- und Mitteleuropa auf der einen und in Osteuropa auf der anderen Seite oftmals entgegengesetzt ist: Herrscht hier warmes und feuchtes Wetter, dann ist es dort häufig kühl und trocken – und umgekehrt. Beim Klima fällt ebenfalls der Gegensatz zwischen der in den mittleren Breiten meist trockeneren West- und der feuchteren Ostseite der Kontinente auf, besonders klar ausgeprägt in Nordamerika. Und wenn in einem Teil der Erde extreme Dürre herrscht, dann versinkt ein anderer oft in sintflutartigen Regengüssen. Die Wetterentwicklung in weit voneinander entfernten Regionen der Erde gleicht also nicht selten einer Schaukelbewegung.

Als **Telekonnektion** (Fernverknüpfung) wird dieses sonderbare Phänomen bezeichnet. Es beruht wohl in erster Linie auf den Wassertemperaturen an der Oberfläche der Ozeane und/oder der großräumigen Luftdruckverteilung. So wird z.B. die Stärke der Monsunregen in Südasien (S. 89) von den Wassertemperaturen im Indischen Ozean beeinflusst, und Dürren in der Sahelzone Afrikas hängen offenbar mit dem Luftdruckgefälle zwischen dem östlichen und westlichen Pazifik zusammen. Welche Mechanismen dabei wirksam werden, ist im Detail noch umstritten. Für die Prognose extremer Witterung, etwa von Dürreperioden, bietet aber die Kenntnis der Telekonnektionen gute Ansatzpunkte. Hinzu kommen jahreszeitliche und langfristigere Schwankungen der Wassertemperaturen und des Luftdrucks, wodurch auch das El-Niño-Phänomen (S. 142) berechenbarer geworden ist.

Vater Rhein verlässt sein Bett
Hochwässer (hier im Januar 1995 in Köln) gehören mittlerweile zum Rheinland wie der Karneval. Die älteste Hochwassermarke stammt vermutlich aus dem 14. oder 15. Jahrhundert, damals erreichte der Rhein (bezogen auf den Kölner Pegel) eine Höhe von 10,35 m. Sehr häufig waren Überschwemmmungen im Rheinland auch zu Ende des 16. und 17. Jahrhunderts. Nach einer kurzen Stagnation steigen die höchsten Pegelstände hier seit dem Ende des 19. Jahrhunderts wieder kräftig an.

Land unter

Sintflutartige Regengüsse und Dauerregen, die zu katastrophalen Hochwässern führen, sind geradezu biblische Unwetter. Sie verursachen bis heute zusammen mit den Stürmen die schwersten Schäden: in nahezu allen Kontinenten, von den Hochwässern des Chang Jiang oder des Huang He, „Chinas Kummer“, bei denen in der Vergangenheit zuweilen Millionen von Menschen ertranken, bis hin zu den diversen „Jahrhunderthochwässern“ Mitteleuropas an Rhein, Donau, Elbe und Oder.

Die einfache Gleichung, dass starke, exzessive Regenfälle zu Hochwasser führen, gilt vorwiegend für die Tropen und Subtropen, wo Überschwemmungen während der Regenzeiten zum normalen Jahresablauf gehören. In den mittleren und höheren Breiten sind die Ursachen vielfältiger. Hochwasser im Sommer (also in einer Jahreszeit, in der die Verdunstung einen großen Teil des Niederschlags aufzehrt) durch starken, ergiebigen, anhaltenden Regen ist z.B. zwischen Nordsee und Alpen eher seltener. Es trifft vor allem die Flussgebiete in der östlichen Hälfte Mitteleuropas, im

August 2002 das der Elbe. Auslöser sind meist Tiefdruckgebiete, die wie das berüchtigte, nach einer Zugstraße benannte Fünf-b-Tief, feucht-warme Luftmassen vom Mittelmeer nordwärts zum Ostseeraum lenken und auf die über Mitteleuropa lagernde Kaltluft schieben. Die Überschwemmungen in der westlichen Hälfte, also in erster Linie im Einzugsgebiet des Rheins, sind dagegen überwiegend Winterunwetter. Sie entstehen durch die Schneeschmelze, durch Regen auf gefrorenem Boden oder eine Schneedecke sowie durch Eisgang bzw. Eisstau. Dabei wirkt oftmals eine Vielzahl von Ursachen zusammen.

Grobe Fahrlässigkeit

Mit wolkenbruchartigen Starkregen, die in 24 Stunden auf jeden Quadratmeter zum Teil mehr als 300 Liter Wasser schütten, muss man in Mitteleuropa glücklicherweise nicht in jedem Jahr rechnen. Sie kommen jedoch vor und lassen dann die Flüsse weit über die Ufer treten. Die Folgen wären allerdings weniger verheerend, wenn der Mensch nicht seit Jahrzehnten grob fahrlässig in die Natur und insbesondere in den natürlichen Wasserkreislauf eingreifen würde.

- Im Jahresdurchschnitt versickert schätzungsweise ein Drittel des Niederschlags auf die Landesfläche Deutschlands im Erdboden. Der Anteil der Fläche, auf denen der Boden versiegelt, das heißt mit Gebäuden und Verkehrswegen überbaut und somit wasserundurchlässig ist, wächst jedoch ständig, zu Beginn des 21. Jahrhunderts täglich um 117 Hektar. Folglich nimmt der Abfluss an der Erdoberfläche zu.
- Indem man die Flüsse in ein engeres Bett zwängt und gnadenlos begradigt, werden die Hochwasserwellen höher und schneller. Früher benötigte das Hochwasser der Donau z.B. für einen 25 km langen Laufabschnitt unterhalb von Ulm rund zehn Stunden, heute nur noch zwei.
- Zahlreiche Flussauen und Altwasserarme, die einst bei Hochwasser einen Teil der Wassermassen aufnahmen, fallen heute als Speicherräume aus, weil sie inzwischen eingedeicht sind.
- Wenn dann noch die in Jahrhunderten gesammelten Erfahrungen missachtet und tief gelegene Uferbereiche als Siedlungs-, Agrar- und Industrieflächen genutzt werden, muss man sich nicht wundern, dass die wirtschaftlichen Hochwasserschäden zunehmen.

Blitzhochwasser
In offenen Agrarlandschaften kann der Boden die Wassermassen häufig nicht aufnehmen, und die Fluten strömen ungebremst ab.

La Niña

La Niña (span.: das kleine Mädchen) ist ein angenehmes Kind: In den Jahren, in denen es die Witterung an der Pazifikküste Südamerikas und auf dem vorgelagerten Galápagos-Archipel bestimmt, treibt der Humboldt-Strom etwa 20 °C kühles Wasser von Südosten her durch diesen Teil des Stillen Ozeans. Das kühle Wasser verhindert zwar, dass sich über der Küste und den Inseln ergiebige Regenwolken bilden – die Region ist trocken, in der Atacama-Wüste sogar extrem trocken –, doch da kühles Meerwasser in der Regel mehr Sauerstoff und Plankton enthält als warmes, werden alle Organismen, die davon leben, reichlich mit Nahrung versorgt, wovon auch die Fischer profitieren, für die das Meer die Existenzgrundlage darstellt.

Gewinner ...
El Niño greift tief in das Ökosystem der Galápagos-Inseln und Trockengebiete an der Pazifikküste Südamerikas ein, nicht immer zum Nachteil der heimischen Tierwelt. Landtiere wie der Galápagos-Landleguan profitieren nämlich von den starken Regengüssen. Sie lassen in der Trockenzone die Pflanzen sprießen und bescheren der Landfauna so einen reich gedeckten Tisch. Dadurch nehmen die Populationen in El-Niño-Jahren meist kräftig zu, um in den trockenen La-Niña-Jahren wieder auf das Normalmaß zu schrumpfen.

El Niño

Alle 2–7 Jahre, meist in der Weihnachtszeit, kehrt sich der Kreislauf jedoch plötzlich um, und *El Niño* (span.: das Christkind) diktiert dann für einige Jahre die Witterung. Eine oberflächennahe Meeresströmung schiebt rund 28 °C warmes, nährstoffarmes Wasser aus Westen über die kühleren Wassermassen. Dies hat zum einen zur Folge, dass die Schichtung der Atmosphäre über dem wärmeren Untergrund labil wird; die feuchtwarme Meeresluft erhält Auftrieb, steigt empor und

ENSO

Die Folgen des El-Niño-Phänomens sind bekannt; wahrscheinlich reichen sie weit über den östlichen Pazifik hinaus bis in entfernte Regionen der Erde und sind möglicherweise durch Telekonnektionen (S. 139) mit Unwettern der verschiedensten Art verknüpft, etwa mit Dürreperioden in Australien oder Ostafrika, verheerenden Monsunregen in Indien oder tropischen Wirbelstürmen im Westpazifik.

Sowohl das Kaltwasserereignis La Niña als auch das Warmwasserereignis El Niño hängen vermutlich mit der Stärke und Beständigkeit der Passatwinde über dem Stillen Ozean zusammen. Ein starker und beständiger pazifischer Südostpassat treibt die Wassermassen in westliche Richtungen und schiebt sie über dem Zentralpazifik zu einer Art Wasserbuckel zusammen. Wird der Passat schwächer, dann schwappt das warme Oberflächenwasser dem Gefälle der Meeresoberfläche folgend nach Osten und erreicht bald die Galápagos-Inseln und die Küste Südamerikas.

Allerdings stellt sich die Frage, wieso die Stärke und Beständigkeit der Passatwinde im Lauf der Jahre schwanken. In diesem Zusammenhang wird auf ein Phänomen verwiesen, das sich hinter der Abkürzung ENSO verbirgt. Die so genannte Südliche Oszillation bezeichnet großräumige Luftdruckschwankungen über der Südhalbkugel im Rhythmus von 3–5 Jahren. Dabei verstärkt sich z.B. das südostpazifische Hochdruckgebiet, während der Druck in der westpazifischen Tiefdruckzone fällt (und umgekehrt). Ein stärkeres Luftdruckgefälle beschleunigt den Luftmassenaustausch, ein geringeres verlangsamt ihn. Vermutlich hängen die Luftdruckoszillationen mit Schwankungen der Wassertemperatur an der Meeresoberfläche zusammen.

... und Verlierer
Für die meeresabhängigen Tiere des Galápagos-Archipels (hier der Galápagos-Seelöwe) ist El Niño hingegen eine Katastrophe. Bisweilen sind die Küsten mit toten oder sterbenden Tieren bedeckt.

lässt in der Höhe mächtige Wolken entstehen, aus denen es stark und anhaltend regnet – in manchen El-Niño-Jahren nehmen die Niederschlagsmengen um mehr als 700 % zu. Zum andern aber sind die vom Meer abhängigen Lebewesen weitgehend von der Nährstoffzufuhr abgeschnitten. Zur meteorologischen Katastrophe kommt eine ökologische: ein katastrophales Massensterben. Die Fischschwärme ziehen sich zurück, bestimmte Algenarten verschwinden, die Tierwelt verliert ihre Nahrungsgrundlage. Die Seevögel brüten nicht mehr oder brechen die Brut ab, weil sie den Nachwuchs nicht ernähren könnten. Und ganze Jahrgänge der Galápagos-Seelöwen verhungern.

Blizzards

Die Behauptung, Amerika hätte es generell besser, bewahrheitet sich beim Wetter mit Sicherheit nicht. Die Neue Welt, insbesondere Nordamerika, ist im Gegenteil ein Tummelplatz der Unwetter und setzt in dieser Hinsicht weltweite Maßstäbe, unter anderem bei den Schneestürmen. Kein Winter vergeht, in dem nicht kalte arktische Luftmassen mit Sturmstärke nach Süden vorstoßen und große Teile des Kontinents mit zum Teil meterdicken Schneedecken überziehen.

Schneesturm ohne Schneefall
Es kommt häufiger vor, dass es bei einem heftigen Schneesturm überhaupt nicht schneit. Der Sturm wirbelt nur den bereits gefallenen Schnee wieder auf. Die bei großer Kälte stahlharten, verdrifteten Schneekristalle wirken dann wie ein Sandstrahlgebläse und modellieren bizarre Formen aus der Schneedecke, die so genannten Sastrugi.

Die verheerendsten Schneestürme werden als Blizzards bezeichnet, eine Bezeichnung, die möglicherweise vom deutschen Wort „Blitz" kommt und den fast blitzschnellen Vorstoß der Kaltluft beschreibt. Um dieser Kategorie zugeordnet zu werden, müssen Schneestürme drei Bedingungen erfüllen: Die Windstärke muss mindestens 7 Bft betragen, die Lufttemperatur muss unter -7 °C sinken, und es müssen mindestens 25 cm Neuschnee fallen bzw. die Sichtweite darf höchstens 400 m betragen – es kommt nämlich vor, dass trockene Blizzards überhaupt keinen Neuschnee bringen, sondern nur bereits vorhandenen Schnee im Schneetreiben an andere Stellen verfrachten.

Im Allgemeinen sind die Neuschneemengen jedoch beträchtlich, glücklicherweise nur selten so hoch wie bei dem Schneesturm, der im Februar 1959 am Mount Shasta in Kalifornien die Schneedecke in einer knappen Woche um fast 5 m wachsen ließ. Die außergewöhnliche Häufigkeit und Stärke nordamerikanischer Schneestürme hat vor allem eine Ursache: Da seine hohen Gebirge annähernd in nord-südlicher Richtung verlaufen, ist der Kontinent für Vorstöße feucht-warmer Luftmassen aus dem Süden und kalter Polarluft weit geöffnet. Wo die beiden Luftmassenarten aufeinander treffen, entwickeln sich außer heftigen Gewittern und Tornados auch ausgedehnte Niederschlagsfelder. In ihnen geht neben Schnee häufig bei Eisstürmen auch gefrierender Regen nieder.

In den Großen Seen im Zentrum des Kontinents besitzt Nordamerika darüber hinaus eine wichtige und äußerst ergiebige Quelle von Feuchtigkeit und Schneeniederschlag. Kalt-trockene Arktikkuft nimmt bei ihrem Weg über die riesigen, relativ warmen Wasserflächen kräftig Wasserdampf auf. Dieser See-Effekt sorgt dafür, dass beispielsweise an den südlichen Ufern der Großen Seen zwei- bis dreimal so viel Schnee fällt wie im Hinterland.

Eisiger Zusammenbruch
Ruhiges Wetter, bei dem die bodennahe Kaltluft nicht durch wärmere Luft ersetzt wird, begünstigt die Entstehung von gefrierendem Regen. Allerdings verursacht Eisregen auch ohne stürmische Winde enorme Schäden, z.B. in den Wäldern und an Hochspannungsleitungen. Bei zentimeterdicken Eisschichten auf den Straßen bricht der Verkehr zusammen, und selbst der Eisenbahnverkehr ist stark beeinträchtigt.

Auch in Mitteleuropa

Die heftigsten Schneestürme wüten in der Antarktis, einem praktisch unbesiedelten Teil der Erde, in dem kaum Menschen davon betroffen werden. In dichter besiedelten Regionen wie Mitteleuropa führen schon leichte Schneefälle regelmäßig zum „Schneechaos" auf den Straßen. Der vorerst letzte katastrophale Schneesturm fegte hier im Winter 1978/79 über Norddeutschland, wo es normalerweise nur wenig schneit. Damals fiel jedoch mehr als ein halber Meter Schnee, und die höchsten Schneewehen ragten 6–7 Meter über das flache Land. Viele Ortschaften und Einzelhöfe waren tagelang von der Außenwelt abgeschnitten.

Schneeblindheit und White-out
Neuschnee reflektiert den weitaus größten Teil der kurzwelligen Sonnenstrahlung. Seine Albedo, das Rückstrahlungsvermögen, beträgt bis zu 95 %. Über den Schneefeldern und Gletschern im Hochgebirge, wo die Einstrahlung an sonnigen Tagen ohnehin intensiv ist, liegt daher ein gleißend helles Licht. Gleichzeitig ist die im Übermaß schädliche ultraviolette Strahlung sehr stark. Sie kann zu schwerem Sonnenbrand, zu Hornhaut- und Bindehautentzündungen und im Extremfall zu Schneeblindheit führen. Ein wirksamer Lichtschutz für die Haut und Augen ist deshalb unerlässlich.

Vor dem White-out, dem Schrecken der Polarforscher, bietet aber auch die beste Sonnenbrille keinen Schutz. Das Phänomen, das man als grellen „Lichtnebel" bezeichnen könnte, entsteht durch wiederholte Reflexion der Lichtstrahlen zwischen der schnee- und eisbedeckten Erdoberfläche und zwischen Eiskristallen in tiefen Wolken und/oder vom Wind aufgewirbelten Schneekristallen. Das helle diffuse Licht wirft keine Schatten, die Umrisse von Objekten der Erdoberfläche lösen sich auf, die Fähigkeit, Entfernungen zu schätzen, geht verloren – völlige Orientierungslosigkeit droht.

Die Wüste schwebt
Auf den Kanarischen Inseln ein vertrautes Bild: Der Levante, ein heißer, böiger Wind aus östlichen Richtungen, weht von der Sahara her gelblichen Staub heran. Die Staubwolken überqueren manchmal den gesamten Atlantik und gelangen bis nach Südamerika, wo sich die gelbe Fracht als natürlicher Dünger auf den ausgelaugten Böden des Amazonastieflands absetzt. Für die Korallenriffe der Karibik, die nur in kristallklarem Wasser wachsen können, ist die Staubzufuhr aus der Wüste jenseits des Atlantiks dagegen eine Bedrohung.

Lufttransport

Sand- und Staubstürme toben regelmäßig in vielen Gegenden der Erde: der „gelbe Wind" Kosa in Ostasien, der „schmutzige" (mit Staub beladene) Pampero über den Pampas Argentiniens, der „schwarze Sturm" Karaburan in Turkestan ..., und auch in Mitteleuropa sind Stürme, die Sand, Staub und Humus verfrachten, nicht ganz unbekannt.

Ob eine Luftströmung Bodenpartikel aufnehmen und transportieren kann, hängt weniger von ihrer Geschwindigkeit als vom Zustand der Pflanzendecke und des Bodens ab. Eine dichte, geschlossene Pflanzendecke verhindert die Winderosion fast hundertprozentig, feuchte Böden kann der Wind ebensowenig angreifen, denn Wasser wirkt wie ein Klebstoff, der die Bodenteilchen verkittet; auch tonige und steinige Böden setzen der Verwehung großen Widerstand entgegen. Am stärksten gefährdet sind ausgetrocknete, humusreiche Böden mit einem mittleren Korndurchmesser der Partikel zwischen 0,02 und 0,6 mm .

Die gröberen Sandkörner werden dicht über dem Boden, allenfalls bis in etwa 1 Meter Höhe, verdriftet. Sie wirken dort wie ein natürliches Sandstrahlgebläse, das Pflanzen abrasiert, Autos bis aufs blanke Metall abschleifen und selbst festes Mauerwerk angreifen kann. Feinkörniger Staub und leichte Humusteilchen gelangen in größere Höhen. In dichteren Wolken beeinträchtigen sie den Verkehr und verursachen Atembeschwerden. Der größte, bleibende Schaden entsteht jedoch durch die Abtragung der fruchtbaren Bodenkrume. Im weltweiten Durchschnitt ist der Wind für mindestens ein Viertel der Bodenverluste verantwortlich. Sie betragen mitunter 40 Tonnen pro Hektar und Jahr – gleichzeitig bilden sich nur 1–2 Tonnen neu.

Amerikas Staubschüssel

In Nordamerika heißen die Staubstürme, die hauptsächlich die westlichen Staaten und Provinzen der USA und Kanadas heimsuchen, „black blizzards", wegen der dunklen Humuserde, die sie vom Boden aufnehmen und mitunter Tausende von Meilen transportieren. Die „schwarzen Schneestürme" leisten ganze Arbeit: Im Sommer 1977 wehte ein Sturm innerhalb von 24 Stunden in Kalifornien mehr als 25 Millionen Tonnen Erde davon. Ein viertägiger Sturm im Mai 1934 brachte es sogar auf ungefähr 300 Millionen Tonnen. Eine fast 5 km hohe Staubwolke stand damals über dem Mittleren Westen der USA; sie war so dicht, dass Enten, Gänse und andere Zugvögel in ihr erstickten.

In den Gegenden, in denen sich der Staub damals absetzte, waren die Folgen der Stürme noch vergleichsweise harmlos, die Zufuhr von nährstoffreichem Staub bedeutete im Gegenteil mitunter eine Verbesserung der Bodenqualität. Viele Farmer in dem am stärksten verwüsteten Gebiet, der berühmt-berüchtigten Dust bowl („Staubschüssel") Amerikas, im Grenzgebiet von Colorado, Kansas und Oklahoma, verloren dagegen ihre Existenz, und das in einer Zeit, in der die Wirtschaft der USA ohnehin unter der Weltwirtschaftskrise der 1930er-Jahre litt. Zwischen 5 und 50 cm fruchtbare Bodenkrume wurden in der Dust bowl großflächig vom Wind erodiert. Es dauert Jahrhunderte, bis ein solcher Verlust durch natürliche Prozesse ausgeglichen werden kann.

Himmelsgeschosse

Hagel, auch Schlossen genannt, ist eine buchstäblich „feste" Form des Niederschlags. Die meist hasel- bis walnussgroßen Körner bestehen aus hartem Eis, lassen sich also nicht wie die oftmals mit ihnen zusammen in Schauern fallenden Reifgraupel mit den Fingerspitzen zerdrücken, sondern prallen mit voller Wucht, gewissermaßen ohne Knautschzone, auf die Erdoberfläche. Die Geschwindigkeit, mit der sie dort ankommen, beträgt schon bei kleineren Körnern um 100 km/h, ein besonders großes Exemplar mit einem Durchmesser von 10–15 cm ging mit schätzungsweise 170 km/h nieder. Wenn ein Korn beim Aufprall zerbricht, ist zu erkennen, dass es im Innern ähnlich wie eine Zwiebel aus mehreren Schalen aufgebaut ist. Klare, durchsichtige Schalen wechseln dabei mit milchig-trüben Eisschichten.

Hagelkorn im Schnitt
Eine Eiskugel, die vom Himmel fällt, muss einen Mindestdurchmesser von 5 mm aufweisen, um als Hagelkorn zu gelten (kleinere werden als Graupel bezeichnet). Darüber gibt es keine Grenze – man hat wahre „Eisbomben" von mehr als 10 cm Durchmesser registriert. Das Gewicht der schwersten Hagelkörner schwankt zwischen 1 und 2 kg. Im Querschnitt haben sie meist einen schalenförmigen Aufbau, der den Jahresringen eines Baumstamms ähnelt.

Hagel fällt immer aus hohen Gewitter- und Schauerwolken; Gegenden mit überdurchschnittlich häufigen Gewittern werden deshalb auch besonders häufig vom Hagelschlag heimgesucht. Zuweilen sind die Schauer so heftig, dass die auf dem Erdboden aufgehäuften Schichten mit Schneepflügen beseitigt werden müssen. Allerdings bringt nicht jede Gewitterwolke einen Hagelschauer hervor, die meisten Eiskörner schmelzen im freien Fall auf dem weiten Weg zur Erde und verwandeln sich in große Regentropfen. Insgesamt beträgt der Anteil des Hagels am Gesamtniederschlag nur wenige Prozent.

Der schalenartige Aufbau eines Hagelkorns verrät, dass es einen bewegten, turbulenten Werdegang hinter sich hat. Am Anfang stehen in der Regel etliche zu einem Graupel zusammengeballte Eis- und Schneekristalle. An diese Keimzelle lagern sich dann in wasserreichen Wolkenstockwerken rasch Tröpfchen aus unterkühltem Wasser an und gefrieren zu glasklaren Eisschichten. Bei sehr tiefen Temperaturen und/oder geringem Wassergehalt verbinden sich nur einzelne Wassertröpfchen und Eiskristalle mit dem Hagelembryo, und die zwischen ihnen eingeschlossenen Luftbläschen trüben das Eis. Im Lauf weniger Minuten wird das Hagelkorn größer und schwerer, stürzt herab, wird aber öfters von Aufwinden erfasst und wieder in höhere Wolkenstockwerke getragen, wo das Spiel von neuem beginnt.

Hagelkörner, die schwer genug sind, um sich gegen die Aufwinde durchzusetzen und die Fallstrecke bis zur Erdoberfläche ohne größere Schmelzverluste zu überwinden, richten erhebliche Schäden an, vor allem in der Landwirtschaft, aber auch an Gebäuden und Fahrzeugen. Nicht ohne Grund zählt z.B. das Hagelunwetter vom 12. Juli 1984 in München mit einem Gesamtschaden von rund 3 Milliarden DM zu den schwersten Wetterkatastrophen in Deutschland.

Mit Raketen und Kanonen

Die Redewendung „die Ernte verhageln" zeigt, dass der Hagelschlag zu den von den Landwirten am meisten gefürchteten Unwettern gehört. Um Schaden von den Kulturen abzuwenden, wurden deshalb verschiedene Verfahren der Hagelbekämpfung entwickelt. Die erfolgversprechendsten versuchen, die Entwicklung größerer Hagelkörner zu verhindern, indem ähnlich wie bei der Erzeugung künstlichen Regens (S. 49) die Zahl der festen Partikel, an denen sich das unterkühlte Wasser anlagern kann, in der Wolke erhöht wird. Dazu verfrachtet man Kristalle bestimmter Substanzen (etwa Propan, Kohlensäureschnee, vor allem aber Silberjodid) mit Kanonen, Raketen, vom Flugzeug aus oder durch Generatoren auf dem Boden in die Wolken. Die Ergebnisse der bisherigen Versuche werden unterschiedlich beurteilt. Teils sollen die Hagelverluste um bis zu 90 % verringert worden sein (wobei offen bleibt, ob die Verringerung tatsächlich den eingesetzten Verfahren zu verdanken ist), teils blieben die Erfolge aus, teils wurde der Hagel durch das „Wolkenimpfen" sogar verstärkt. Die Landwirtschaft in den häufiger von Hagelschlag betroffenen Gebieten setzt daher mehr auf die passive Hagelabwehr, bei der man Netze über die gefährdeten Kulturen spannt.

Lothar und Martin

Luftdruckschwankungen von mehr als 10 hPa (Hektopascal) in 3 Stunden gelten als alarmierende Sturmzeichen (S. 135). Beim Durchzug des Orkans „Lothar" am Morgen des 26. Dezember 1999 fiel der Luftdruck über der französischen Kanalküste in 3 Stunden sogar um fast 28 hPa, um anschließend im gleichen Zeitraum wieder um 29 hPa anzusteigen. Derartige Extremwerte wurden über dem europäischen Festland noch nie gemessen. Entsprechend hoch waren die Windgeschwindigkeiten, die dieser „Jahrhundertorkan" auf seinem Weg quer durch Mitteleuropa erreichte (bis weit über 200 km/h), und entsprechend groß waren die Schäden. Über 100 Millionen Bäume wurden von „Lothar" entwurzelt oder abgeknickt.

Einen Tag später folgte Orkan „Martin" seinem Vorgänger und hinterließ kaum geringere Verwüstungen. Serien von Sturm- und Orkanzyklonen sind in den mittleren Breiten der Erde nicht selten. Sie entwickeln sich entlang der Polarfront, einer Zone starker horizontaler Temperatur- und Luftdruckgegensätze. Dieser Gürtel verläuft auf der Nordhalbkugel im Winter ungefähr zwischen dem 40. und 50. Breitenkreis, im Sommer etwas nördlicher, und hat auf der Südhalbkugel ein noch markanteres Gegenstück, das beispielsweise an der Südspitze Südamerikas, dem berühmt-berüchtigten Kap Hoorn, nahezu pausenlos für Stürme sorgt.

Selber schuld?
Im mitteleuropäischen Binnenland haben die Stürme der letzten Jahrzehnte die schwersten Schäden in den Wäldern hinterlassen. Auf riesigen Flächen entwurzelte beispielsweise der Orkan „Lothar" zahllose Bäume. Für die Schäden ist allerdings die Forstwirtschaft zum Teil selbst verantwortlich. Die von ihr oft bevorzugten, aber selten standortgerechten Nadelgehölze wurzeln nämlich sehr flach und werden dadurch leicht entwurzelt – hier eine Fichte.

Angesichts der enormen wirtschaftlichen Schäden stellt sich nicht nur die Versicherungsbranche die bange Frage, ob die Zahl schwerer Stürme und Orkane als Folge der globalen Erwärmung (S. 164) zunehmen könnte. Ein eindeutiger weltweiter Trend ist hier noch nicht zu erkennen, eine Untersuchung kommt gleichwohl zu dem Ergebnis, dass über dem Nordatlantik und Europa seit 1930 sowohl die Intensität als auch die Häufigkeit der Winterstürme zugenommen hat.

Sturmfluten

Im Binnenland fordern Stürme in der Regel nur verhältnismäßig wenige Todesopfer. Anders an den Küsten: Der Sturmflut am 16./17. Februar 1962 fielen allein in Hamburg über 300 Menschen zum Opfer. Und vertraut man den historischen Quellen, dann sind bei den „Manndränken" des Mittelalters, verheerenden Wetterkatastrophen, an der deutsch-niederländischen Nordseeküste mitunter in einer einzigen Nacht über 100 000 Menschen umgekommen.

Die Nordseeküste ist durch Unwetter dieser Art besonders stark gefährdet. Hinter den Deichen liegt das Land größtenteils unter dem mittleren Meeresniveau; die Nordsee besitzt zudem ausgeprägte Gezeiten, die mit Springflut und Windstau die Pegelstände bedrohlich ansteigen lassen, und sie muss beim Durchzug eines Orkantiefs oft ungewöhnlich viel Wasser aufnehmen: An der Vorderseite des Tiefs treibt der Wind von Südwesten her das Wasser durch den Ärmelkanal ins Nordseebecken, an der Rückseite dreht der Wind dagegen meist auf nordwestliche Richtungen und verfrachtet die Wassermassen geradewegs gegen die Küsten und in die Mündungstrichter der Deutschen Bucht.

Der „Blanke Hans"

Schwere und schwerste Sturmfluten hat es an der deutschen Nordseeküste wohl schon immer gegeben. Im Februar/März 1990 fegten jedoch in kurzem Abstand gleich 4 Orkane über den Nordwesten Europas hinweg, so auch „Vivian" oder „Wiebke", die hier vor Wenningstedt (Sylt) die Urlaubsgäste mit der ungebändigten Natur konfrontiert – nicht ohne gewissen Unterhaltungswert. Die Insulaner allerdings kostete der Orkan an der Westküste stellenweise 4 m Land, und an seiner schmalsten Stelle ist Sylt heute nur noch rund 200 m breit.

Das Auge des Sturms
Neben den außertropischen Orkanzyklonen sind die tropischen Wirbelstürme wohl die einzigen irdischen Unwetter, die selbst der Mann im Mond erkennen könnte: erstens an der eng aufgerollten Wolkenspirale (die beim „Supertaifun“ Tip einen Durchmesser von fast 1700 km erreichte) und zweitens am so genannten „Auge“, einer kreisrunden oder ovalen, wolkenarmen bis -freien Zone im Zentrum des Wirbels. Sie wird von einem Wall besonders hoher Gewitterwolken umschlossen.

Hurrikane, Taifune & Co.

Außer Südasien und dort vor allem Bengalen (mit Hunderttausenden Toten) hat kein anderer Teil der Erde in den letzten Jahrhunderten so sehr unter tropischen Wirbelstürmen gelitten wie die Karibik: Im Oktober 1780 kamen auf den Kleinen Antillen mindestens 22 000, im September/Oktober 1963 in Kuba und Haiti über 7000 und im Oktober/November 1998 auf der mittelamerikanischen Landbrücke nochmals 11 000 Menschen um. Nicht ohne Grund stammt die bekannteste Bezeichnung für die Wirbelstürme aus dem karibischen Raum: Hurrikane, abgeleitet von einem Wort der Taino-Sprache, *hurucan*, das „Gott des Bösen“ bedeutet und ebenso unserem „Orkan“ seinen Namen gegeben hat. In Ostasien heißen die Stürme Taifune, auf den Philippinen Baguios, in Australien Willy-Willys und in Südasien einfach nur Zyklone.

Seitdem Wettersatelliten die Erde rund um die Uhr beobachten, ist die Entwicklung der tropischen Wirbelstürme überschaubarer und berechenbarer geworden. Am Anfang deutet nur ein Wolkenfeld mit blumenkohlartig aufgequollenen Haufenwolken über dem blauen Ozean daraufhin, dass sich ein Sturm zusammenbraut. Dann nimmt das Wolkenfeld die Form eines Kommas an und verrät so den Beginn der großräumigen Verwirbelung der Luftmassen.

Im dritten Stadium entwickeln sich um den von Wolken umschlossenen Kern einzelne spiralförmige Wolkenfelder. Jetzt weht der Wind schon mit Stärken zwischen 8–11 Bft, also mit Sturmstärke. Er wird zum tropischen Orkan, wenn Windstärke 12 erreicht und überschritten wird. Die Geschwindigkeit der Luftströmung beträgt dann mindestens 117 km/h, bei den „verheerenden Hurrikanen" der stärksten Kategorie kann sie aber auch doppelt so hoch sein.

Im Endstadium strömt die Luft in der 1–2 km dicken Einströmungsschicht dem Kern des Wirbelsturms zu; im Hebungsgebiet steigt sie spiralförmig bis in Höhen von mehr als 10 km; im Zentrum oder Auge, wo extrem tiefer Luftdruck herrscht, strömt ein Teil der zugeführten Luft abwärts, der andere Teil fließt in der Höhe seitwärts aus dem Wirbel ab.

Energie aus dem Meer

Von den rund 80 tropischen Stürmen, die sich pro Jahr zwischen den Wendekreisen entwickeln, erreicht etwa ein gutes Drittel das Stadium eines Tropenorkans. Ihr Ursprungsgebiet liegt fast immer über den warmen Meeren der Tropen, denn die Orkane schöpfen ihre Energie vor allem aus der feucht-warmen Seeluft (ab 26 °C Wassertemperatur). Die inneren Tropen bleiben allerdings weitgehend verschont, denn in dieser Zone ist die Corioliskraft (S. 39), welche die Luftströmungen beschleunigt und ablenkt, noch zu gering.

Auf parabelförmigen Bahnen ziehen die Orkanwirbel vor allem im Spätsommer und Frühherbst nord- bzw. südwärts; mancher atlantische Hurrikan gelangt so in abgeschwächter Form nach Wochen als Orkan bis nach West- und Mitteleuropa. Die meisten haben jedoch eine kürzere Lebenserwartung (im Mittel 10 Tage) und Zugweite. Das Schicksal eines tropischen Wirbelsturms ist in der Regel besiegelt, wenn er auf das Land trifft; zum einen wird er dort stark gebremst, zum anderen fehlt der Energienachschub vom warmen Meer. Beim „Landfall" auf Küsten und Inseln zeigt er allerdings oft noch einmal seine ganze Kraft.

Rasende Rüssel
Tuba (lat. Trompete) heißt das trichter- oder rüsselförmige Gebilde, das aus einer pechschwarzen Gewitterwolke herabhängt und den Tornado schon von fern anzeigt. Dieser Rüssel besteht im oberen Teil aus Wolkentröpfchen. Dort wo er den Boden berührt, enthält er aber auch Erde, Wasser, Gebäude- und Pflanzenteile, Autos oder irgendwelche anderen Objekte, auf die der Tornado in seiner Zerstörungsschneise trifft und die er mit unvorstellbarer Gewalt durch die Luft wirbelt.

Tornados

Die traditionelle Windstärkenskala (S. 133) reicht schon nicht mehr aus, um die tropischen Wirbelstürme zu charakterisieren, bei den Tornados versagt sie völlig. Bereits bei einem „leichten" Tornado der untersten Kategorie wirbelt die Luft mit fast 120 km/h um eine senkrechte oder geneigte Achse, beim „unglaublichen" Tornado, mit dem die gebräuchlichste Skala endet, betragen die Windgeschwindigkeiten sogar mehr als 420 km/h, ja es könnten bis zu 800 sein!

Im Unterschied zu den tropischen Wirbelstürmen, deren Spiralen aus zahllosen Gewitterwolken bestehen, ist der Tornado ein verhältnismäßig kleines Anhängsel einer einzelnen Gewitterwolke, oft jedoch einer besonders energiegeladenen „Superzelle", die an der Oberseite einen typischen Buckel aufweist. Von ihrer Unterseite hängt mindestens ein Wolkenrüssel herab, in dem sich zwei miteinander verflochtene Windspiralen mit rasender Geschwindigkeit drehen: einer inneren, in der Kaltluft aus großer Höhe herabstürzt, und einer äußeren, in der warme Luft aufsteigt.

Die Luftströmungen entstehen dadurch, dass Luftpakete unterschiedlicher Temperatur, Feuchte und Dichte versuchen, das ihrem jeweiligen Zustand entsprechende Atmosphärenstockwerk möglichst schnell zu erreichen, warme Luft das obere, kalte Luft das untere. Je stärker die Gegensätze auf engem Raum sind, um so labiler wird die Luftschichtung. Ähnlich wie das Wasser in einer Badewanne einen Strudel bildet, wenn man den Stöpsel aus der Abflussöffnung zieht, gerät die mit hoher Geschwindigkeit aufsteigende warme Luft in eine Drehbewegung (span. *tornar* = sich drehen oder wenden).

Ausgeprägte Temperatur- und Feuchteunterschiede sind also die besten Voraussetzungen für die Entstehung von Gewitterwolken und Tornados. Und nirgends sonst auf der Erde treffen feucht-warme Luftmassen aus den Tropen und kalt-trockene aus der Arktis so häufig aufeinander wie über den weiten Ebenen im Mittleren Westen der USA. Über die berühmt-berüchtigten „Tornado-Alleen“ wüten pro Jahr durchschnittlich mindestens 200–300 Wirbelstürme.

Bracchiale Windhosen

Die Spur, die ein Tornado auf der Erdoberfläche hinterlässt, ist meist nur schmal, doch die Verwüstungen sind um so stärker: Gebäude explodieren regelrecht, Autos, ja sogar Eisenbahnwaggons werden durch die Luft gewirbelt. Von solchen Unwettern bleibt Mitteleuropa (wo man schwächere Tornados als Windhosen kennt) nicht ganz verschont. Katastrophale Wirbelstürme wie der „unglaubliche“ Tornado, der am 19. August 1845 das französische Département Seine-Maritime verwüstete und über 70 Todesopfer forderte, sind jedoch selten. In Deutschland zog ein Tornado der Stärke 3 am 10. Juli 1968 über Pforzheim hinweg, walzte 1000 Häuser nieder und verletzte mehr als 200 Menschen zum Teil schwer.

Ernsthafte „Stormchaser” (siehe Kasten) dokumentieren solche Ereignisse ausführlich. Ihr Datenmaterial ist für die meteorologische Forschung nicht ohne Wert, denn solche kurzfristigen und kurzlebigen Wetterphänomene schlüpfen leicht durch die Maschen der staatlichen Beobachtungsnetze.

Unwetter-Jäger

Als „storm“ bezeichnet man in den angelsächsischen Ländern einen Sturm, aber auch Unwetter anderer Art. Und „Stormchaser” sind Zeitgenossen, die Unwetter jagen (*to chase* = jagen), wobei sie freilich in Kauf nehmen müssen, dass sie nicht selten selbst zu Gejagten werden. Das beliebteste Jagdobjekt ist zweifellos der spektakuläre Tornado. Ihn, den „Twister“, hetzen vor allem jenseits des Atlantiks kleinere und größere Jagdgesellschaften mithilfe schneller, geländegängiger Autos sowie mit Videokameras, Fotoapparaten und komplizierten Geräten wie dem Doppler-Radar, das Einblicke in das Innenleben des Wirbelsturms erlaubt.

Frost der Vergangenheit
Die mit braunem Kies gefüllte Spalte, die in einer Sandgrube im Braunschweiger Land keilartig in helle Sandschichten einschneidet, ist im eiszeitlichen Dauerfrostboden (S. 75) entstanden. Ursprünglich war sie mit Eis gefüllt. Als es schmolz, entstand ein Hohlraum, in den die darüber lagernden Kiesschichten stürzten. So blieb die Form des Eiskeils erhalten. Dauerfrostboden entsteht nur bei sehr tiefen Temperaturen – als sich der Eiskeil bildete, muss es hier im Jahresdurchschnitt mindestens 10–15 Grad kälter als heute gewesen sein.

Klimageschichte

In der Arktis versteinerte Überreste von Palmen und anderen Pflanzen, in den heißen Steppen Südafrikas vom Gletschereis rund geschliffene Felsen, in den tropischen Regenwäldern Venezuelas Sanddünen, in den Trockengebieten Nordamerikas die Strandlinien ausgedehnter Seen – zahllose Indizien sprechen dafür, dass sich das Klima aller Erdteile im Lauf der rund 4,6 Milliarden Jahre langen Erdgeschichte ständig verändert oder bisweilen sogar in sein genaues Gegenteil verkehrt hat, und das oftmals in (nach geologischen Zeitmaßstäben) äußerst kurzen Zeitabschnitten.

Dank verschiedenster geologischer und biologischer Klimazeugen lassen sich die vorzeitlichen Klimaschwankungen von der Erdurzeit bis in die geologische Gegenwart hinein exakt dokumentieren. So herrschte in der Frühzeit der Erde vor über 2,6 Milliarden Jahren ein extrem warmes Klima. Der Zeitraum bis vor etwa 600 Millionen Jahren zeichnete sich dagegen durch mehrere Kaltzeiten aus, in denen die Erde womöglich zeitweise wie ein riesiger Schneeball ganz mit Schnee und Eis bedeckt war. Im Erdaltertum, einem überwiegend warmen Zeitalter, kam es noch mindestens zweimal zu großflächigen Vereisungen, während das Klima im Erdmittelalter vor etwa 250–65 Millionen Jahren zwischen den Polen „feucht-warm" und „trocken-warm" pendelte. Zu Beginn der Erdneuzeit war es selbst in den mittleren Breiten tropisch-warm, kühlte sich dann jedoch merklich ab und führte vor 2–3 Millionen Jahren auch auf der Nordhalbkugel zu den folgenreichen klimatischen „Wechselbädern" des Eiszeitalters (S. 158).

Gründe für den Klimawandel

Wenig wissen wir allerdings über die Ursachen solcher Klimaänderungen. Aktivitäten des Menschen kommen nur für den letzten, geologisch verschwindend kurzen Abschnitt der Erdgeschichte in Frage – bleiben also nur natürliche Faktoren, bei denen man zwischen extraterrestrischen und terrestrischen unterscheidet.

Extraterrestrische Einflüsse verändern das Klima der Erde aus dem Weltraum. Dazu gehören vor allem Schwankungen bei der Zufuhr der Sonnenenergie – so könnte es sein, dass die Sonne einmal mehr, einmal weniger Energie ausstrahlt oder aber die ausgestrahlte Energie in unterschiedlichen Dosen zur Erde gelangt, etwa weil sich die Umlaufbahn der Erde um unser Zentralgestirn im Lauf der Zeit ändert. Terrestrische Faktoren sind unter anderem der irdische Vulkanismus, der durch seine Produkte die Zusammensetzung der Erdatmosphäre und damit den natürlichen Treibhauseffekt (S. 178) beeinflussen kann.

Von einer allgemeingültigen, allseits befriedigenden Lösung dieser Fragen ist man aber in der Paläoklimatologie, der Wissenschaft von den Klimaten der geologischen Vergangenheit, noch weit entfernt. Wahrscheinlich liegen die komplexen Ursachen für die Klimaschwankungen in einem Mix aus extraterrestrischen und terrestrischen Faktoren. Vielleicht fallen Anstöße von außen nur dann auf fruchtbaren Boden, wenn die Erde selbst eine „Bereitschaft" zu Klimaänderungen zeigt, beispielsweise indem ein Kontinent in eine polnahe Position driftet und dort das Fundament einer großflächigen Vereisung bildet; oder aber Wolken vulkanischer Aschen vermindern die Zufuhr von Sonnenenergie. Wohl nicht ohne Grund folgten die verschiedenen Eiszeitalter der Erde neuen Gebirgsbildungen mit heftigem Vulkanismus.

Roter Boden – hier war es einmal warm
Durch Eisenminerale leuchtend rot gefärbte Böden, wie hier die *Terra rossa* des Mittelmeerraums, deuten auf ein warmes Klima mit einem ausgeprägten Wechsel von Regen- und Trockenzeiten hin. In Mitteleuropa sind sie meist Überbleibsel aus dem Tertiär. In dieser Periode der Erdgeschichte vor etwa 65–2,5 Millionen Jahren herrschte bei uns noch ein fast tropisches, zumindest aber subtropisches Klima.

Das Quartäre Eiszeitalter

In der langen Geschichte der Erde hat es mehrfach Perioden mit weiträumigen Vergletscherungen gegeben. Wenn in der Fachliteratur vom „Eiszeitalter" gesprochen wird, ist jedoch meist das Pleistozän, eine Phase des Quartärs, der jüngsten Periode der Erdgeschichte, gemeint. Dieses quartäre Eiszeitalter begann vor etwa 2,5–1,6 Millionen Jahren und endete vor gut 10 000 Jahren.

Die Eiszeiten (auch Glaziale oder Kaltzeiten), von denen es mindestens sechs oder acht längere gab und in denen das Jahresmittel der Lufttemperatur z.B. in Mitteleuropa wenigstens 10 Grad unter die heutigen Durchschnittswerte sank, sind allerdings nur *ein* Merkmal des Eiszeitalters. Immer wieder wurde nämlich das im Vergleich zu heute erheblich kältere Klima durch Warmzeiten (Interglaziale oder Zwischeneiszeiten) unterbrochen. Während der jüngsten dieser Warm- oder Zweischeneiszeiten, die vor rund 128 000 Jahren begann und nach etwa 13 000 Jahren zu Ende ging, entsprachen die mittleren Lufttemperaturen annähernd den heutigen. In den älteren Interglazialen dagegen waren sie in unseren Breiten mit 13–17 °C deutlich höher, beinahe auf dem heutigen mediterranen Niveau.

Außer Rand und Band
Die Kurve der mittleren Jahrestemperaturen in den letzten 2–3 Millionen Jahren der Erdgeschichte ähnelt einer Achterbahn. Mit den krassen Klimaschwankungen veränderte sich auch das Pflanzenkleid: von der Tundra (I/II) über den Birken-Kiefern-Wald (III) und sommergrüne Laubwälder (IV) bis hin zur warm-gemäßigten (V) und mediterranen Waldvegetation (VI) in den ältesten Warmzeiten.

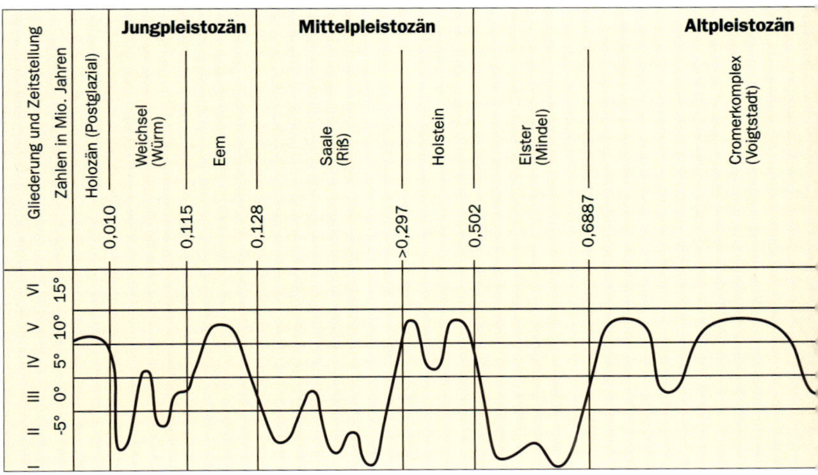

Meeresspiegelabsenkung und Vegetationswandel

Das Bild, das die Erde vor 18 000 Jahren, auf dem Höhepunkt der jüngsten Eiszeit, bot, lässt sich im Großen und Ganzen auch auf die älteren Eiszeiten übertragen. Auf den Kontinenten der Nordhalbkugel und dem Südkontinent Antarktika lasteten damals riesige, kilometerdicke Eiskuppeln. Große Gletscher bedeckten selbst die Hochgebirge. Insgesamt war die vergletscherte Landfläche damals mindestens 3-mal so groß wie heute.

Die Umrisse der Kontinente wichen hier und dort erkennbar von den heutigen ab: weniger eine Folge der Kontinentaldrift als der eiszeitlichen Meeresspiegelabsenkung. Wenn Wassermassen in Form von Eis dem größten irdischen Wasserreservoir, dem Weltmeer, entzogen und auf den Festländern aufgehäuft werden, muss zwangsläufig der Meeresspiegel sinken, in den kältesten Phasen der Eiszeiten um mindestens 100 m.

Die Vegetation reagiert auf solch drastische Klimaschwankungen besonders sensibel: Die artenreichen Laubwälder der gemäßigten Zone zogen sich angesichts der wachsenden Kälte vielerorts vor der baumlosen Tundra zurück, und in den Tropen zerfiel der Regenwaldgürtel unter dem trockeneren Klima in einzelne, von Grasländern umschlossene Inseln.

Kaltzeiten (K) und Warmzeiten (W) in den letzten 1 300 000 Jahren

- **W** Waal: 1 300 000–950 000
- **K** Menap (Günz): 950 000–750 000
- **W** Cromer: 750 000–688 000
- **K** Elster (Mindel): 688 000–502 000
- **W** Holstein: 502 000–297 000
- **K** Saale (Riß): 297 000–128 000
- **W** Eem: 128 000–115 000
- **K** Weichsel (Würm): 115 000–10 100

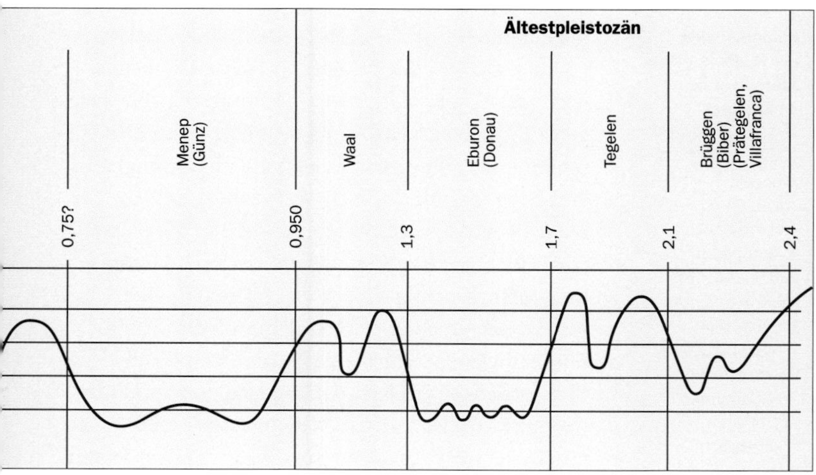

Tagebücher aus Torf
Moore, insbesondere Hochmoore, sind für die Erforschung der Klimageschichte der Nacheiszeit wahre Fundgruben. Im sauerstoffarmen Moorwasser blieben nicht nur die schaurigen Moorleichen, sondern auch der Blütenstaub der Pflanzen ausgezeichnet erhalten. Die unterschiedlich gefärbten Torfschichten spiegeln darüber hinaus den Wechsel von kühleren und wärmeren Zeiten wie die Seiten eines natürlichen Tagebuches wider. Die helleren Schichten berichten von feucht-kühlem, die dunkleren von feucht-warmem Klima.

Spät- und Nacheiszeit

Die Klimaschwankungen des Eiszeitalters, so bis vor wenigen Jahren die gängige Meinung, waren Ereignisse, die äußerst langsam über einen Zeitraum von vielen hundert bis tausend Jahren hinweg abliefen. Diese Hypothese nährte die Hoffnung, dass der Menschheit genügend Zeit bliebe, sich in aller Ruhe und Gelassenheit auf kommende Klimaschwankungen und -katastrophen einzurichten. Gerade der Klimawandel am Ende der jüngsten Eiszeit zeigt jedoch, dass sich Klimaänderungen oft auch überaus abrupt vollziehen können. Die Eisschichten der Gletscher Grönlands, wichtiger Archive der jüngeren Klimageschichte, belegen z.B., dass sich das Klima vor ungefähr 14 680 Jahren innerhalb eines einzigen Jahrzehnts sprunghaft erwärmte, was freilich nicht dazu führte, dass die Gletscher verstärkt abschmolzen, sondern im Gegenteil noch wuchsen. Es gelangte nämlich durch Verdunstung mehr Feuchtigkeit aus den Meeren in die Atmosphäre und der Schnee akkumulierte sich in immer dickeren Schichten auf Grönlands Firnfeldern.

Kurzfristiger Wechsel zwischen kälterem und wärmerem Klima zeichnet auch die Endphase der jüngsten Eiszeit in Mitteleuropa aus, bevor mit dem Beginn

Klimaperioden der Nacheiszeit (in Jahren vor heute)
- Präboreal (10 100–8500) kühl
- Boreal (8500–7500) warm-trocken
- Atlantikum (7500–4500) warm-feucht
- Subboreal (4500–2500) warm-trocken
- Subatlantikum (2500–0) kühl-feucht

der Nacheiszeit vor gut 10 000 Jahren die Klimakurve einen etwas ausgeglicheneren Verlauf annimmt. Einen Wendepunkt stellt dann das Atlantikum vor 7500 bis 4500 Jahren dar. Bis dahin stiegen die Temperaturen langsam an und erreichten zuletzt Werte, die um 1–2 Grad über dem heutigen Durchschnitt lagen. Diesem „Postglazialen Klimaoptimum“ folgten aber bald einschneidende Verschlechterungen, wohl am drastischsten vor rund 2600 Jahren beim „subatlantischen Klimasturz“, der das überwiegend kühl-feuchte Klima der geologischen Gegenwart einleitete.

Nachwärmezeit

Das Subatlantikum, die „Nachwärmezeit", war nicht durchweg so kühl, wie der Name andeutet. Die alten Römer etwa genossen eine warme Klimaperiode, die es allerdings dem Karthagerfeldherrn Hannibal ermöglichte, im Jahr 218 v. Chr. mit Elefanten die Alpen zu überqueren. Klimatisch begünstigt war auch das Mittelalter zwischen 900 und 1300; Berichte über sehr gute Weinernten und die weit nach Norden verschobene Weinbaugrenze belegen, dass die Sommer damals überwiegend trocken und warm waren, während die Winter eher frostig ausfielen.

Danach setzte aber eine deutliche Abkühlung ein, die ab Mitte des 16. Jahrhunderts in Mitteleuropa in die „Kleine Eiszeit“ mündete. Diese markante Klimaperiode mit Durchschnittstemperaturen, die etwa 1–2 Grad unter den heutigen lagen, mit Gletschervorstößen in den Alpen und katastrophalen Missernten, dauerte bis zur Mitte oder zum Ende des 19. Jahrhunderts, unterbrochen von mehreren milderen Abschnitten. Seither steigen die Temperaturen allmählich wieder an.

Wärmedenkmale
Klimazeugen besonderer Art sind die zahlreichen verlassenen Dörfer in Mitteleuropa (hier im Seulingswald nahe der hessisch-thüringischen Grenze). Die Siedlungen entstanden im Mittelalter, als das Klima relativ warm und trocken war. Damals konnten auch die höheren Mittelgebirgslagen mit ihren heute oft vernässten Böden als Ackerland genutzt werden. Der Umschwung zum feuchtkühleren Klima gegen Ende des Mittelalters bedeutete dann für viele Bauerndörfer das Ende.

Von der Natur zur Kultur

Der aufrechte Gang auf zwei Beinen gehört zu den entscheidenden Merkmalen, die den Menschen von den nahe verwandten Menschenaffen unterscheiden. Die ältesten bekannten Belege für diese Art der Fortbewegung (Fußspuren in Vulkanasche) sind etwa 3,5 Millionen Jahre alt und stammen aus einer Zeit, in der das Klima weltweit immer kühler und in den Subtropen und Tropen wohl auch zunehmend trockener wurde. Tropische Grasländer breiteten sich auf Kosten der tropischen Regenwälder aus, die Vorfahren des Menschen, meist Waldbewohner, verloren ihren Lebensraum und mussten sich in Körperbau und Verhalten den neuen Umweltbedingungen anpassen. Der Klimawandel kurz vor Beginn des Eiszeitalters gab wohl den letzten Anstoß zur Evolution des Menschen.

Seither ist die Geschichte der Menschheit eng mit der Klimageschichte verbunden – Amerika und Australien etwa wären mit Sicherheit sehr viel später besiedelt worden, wenn nicht in der jüngsten Eiszeit dank des abgesenkten Meeresspiegels Landbrücken zu anderen Kontinenten bestanden hätten. Die Blütezeiten vergangener Wüstenkulturen Nordafrikas und Südasiens decken sich mit feuchteren Phasen der Nacheiszeit;

Untergang einer Kultur
Im Südwesten der USA hinterließen die Anasazi kunstvoll in die Felswände der Canyons hineingebaute Klippenhäuser wie diese. Ging ihre Kultur gegen Ende des 13. Jahrhunderts durch Angriffe der Apachen, Navajos und anderer nomadischer Indianerstämme unter? Oder wurde sie Opfer einer Dürre, die nachweislich von 1276–1299 anhielt? Auch in Mitteleuropa war es in dieser Zeit deutlich trockener und wärmer als heute.

Das Klima im Spiegel der Malerei
In den 1560er-Jahren waren die Winter in Mitteleuropa außergewöhnlich kalt und schneereich. So kam es 1565 noch im Mai zu einem Kälteeinbruch, der vielerorts mit heftigen Schneefällen verbunden war. In diesem Jahr vollendete der niederländische Maler Pieter Bruegel d. Ä. (um 1525/30–1569) das Gemälde „Jäger im Schnee", eines seiner Hauptwerke und ein Spiegelbild eines der kältesten Winter des 16. Jahrhunderts.

Griechenlands „Dunkles Zeitalter", das 10.–12. Jahrhundert v. Chr., wird dadurch erhellt, dass das Klimapendel damals von der feuchten zur trockenen Seite ausschlug und viele ländliche Siedlungen aufgegeben werden mussten; Südarabiens Königreiche dagegen entstanden um die gleiche Zeit wahrscheinlich gerade unter dem Druck trockeneren Klimas, das zur künstlichen Bewässerung zwang; und die Völkerwanderung germanischer Stämme in den ersten Jahrhunderten nach der Zeitenwende wurde vermutlich durch den Wechsel zu kühlerem Klima ausgelöst ...

Historische Unwetter
Nicht nur langfristige Klimaschwankungen, auch Wetter und Witterung haben häufig in der Weltgeschichte ihre Spuren hinterlassen, vor allem historische Unwetter, die Schlachten und Kriege entschieden. So wäre die Geschichte Japans wohl völlig anders verlaufen, wenn die Mongolen gegen Ende des 13. Jahrhunderts die Japanischen Inseln erobert hätten. Den Insulanern kam jedoch am 1. Juli 1281 ein Taifun, ein *kamikaze* („Götterwind"), zur Hilfe. Er vernichtete fast alle Schiffe der Angreifer, und das fernöstliche Kaiserreich blieb frei. Im Sommer und Frühherbst 1588 ereilte die „Unbezwingbare Armada" der Spanier ein ähnliches Schicksal. Ihr Angriff auf Großbritannien schlug fehl, weil sich in dieser Zeit ein starkes Tiefdruckgebiet beharrlich über dem Nordatlantik hielt und heftige Stürme über den Gewässern rund um die Britischen Inseln tobten. Die englische Kriegsmarine konnte lediglich drei oder vier der insgesamt 130 spanischen Schiffe versenken, die meisten gingen im aufgewühlten Meer unter.

Ein berühmtes Opfer widrigen Wetters wurde auch Napoleon I., der in der Schlacht von Waterloo vom 15.– 18. Juni 1815 den Truppen der Briten und Preußen unterlag (und schon auf seinem russischen Feldzug von 1812 bittere Erfahrungen mit Frost und Schnee machen musste). Am 17. Juni entlud sich ein schweres Gewitter über dem Schlachtfeld und verwandelte den Erdboden mit starken Regengüssen in Morast, auf dem die Franzosen ihre schweren Geschütze nicht rechtzeitig in Stellung bringen konnten.

Gletscher auf dem Rückzug
Weltweit ziehen sich seit Jahrzehnten die Gletscher, von wenigen Ausnahmen abgesehen, in den Hochgebirgen außerhalb der Polargebiete zurück. Der Gletscherschwund macht auch vor den Eisfeldern im höchsten Gebirge der Welt nicht Halt. Hier am Fuß des Mount Everest hat sich die Stirn mancher Gletscher in knapp 50 Jahren um 5 km zurückgezogen, sie versinken unter Gesteinsschuttmassen und werden brüchig. Eines Tages könnten die von Eiszungen am Rand aufgestauten Wassermassen einen Ausweg finden und in den Tälern zu verheerenden Überschwemmungen führen.

Temperaturanstieg

Ein „Klimapessimum", die kälteste und feuchteste Phase der gesamten Nacheiszeit, herrschte entweder im 13. und 14. Jahrhundert v. Chr. oder aber in der ersten Hälfte des 19. Jahrhunderts n. Chr., auf dem Höhepunkt der „Kleinen Eiszeit". Für die Zeit vor knapp 200 Jahren jedenfalls dokumentieren die gesammelten Klimadaten die sehr kühlen Sommer 1816 (S. 136) und 1818 sowie den extrem kalten Winter 1829/30.

Spätestens seit dem Ende des 19. Jahreshunderts belegen die Daten jedoch in den bodennahen Luftschichten weltweit einen Temperaturanstieg in der Größenordnung von 0,5 Grad – das markanteste Merkmal des Neoklimas, des Klimas unserer Zeit. Die Kurve (rechte Seite), die die positiven und negativen Temperaturabweichungen von einem mittleren Bezugswert darstellt, endet zu Beginn der 1990er-Jahre. Damit endete aber nicht der Temperaturanstieg. Im Jahr 2002 lag das weltweite Mittel um 0,57 Grad über der Durchschnittstemperatur der Jahre 1880 bis 2001.

Ein Temperaturanstieg um etwa 0,5 Grad klingt nicht dramatisch; man darf dabei aber nicht übersehen, dass es sich um einen Durchschnittswert handelt, der durch die allgemein tieferen Temperaturen über den Ozeanen gesenkt wird. Über den Landflächen betrug der Anstieg im Jahr 2002 weltweit 0,92 Grad, im Innern Nordamerikas und Asiens sogar mehr als 1 Grad. Noch deutlicher wird dieser Trend im regionalen und jahreszeitlichen Zusammenhang. Im Winter und in den Polargebieten der Nordhalbkugel fiel der Temperaturanstieg mit zum Teil mehr als 4–5 Grad wesentlich kräftiger aus als in den Tropen und im Sommer. Diese generelle Entwicklung lässt sich auch auf das Klima Mitteleuropas übertragen; es ist in dieser Jahreszeit um etwa 0,5–1 Grad wärmer geworden.

Allerdings stehen dieser zweifelsfreien Erwärmung in den vergangenen 100–150 Jahren regional auch gegenläufige Trends entgegen, wenigstens in bestimmten Jahreszeiten.

Hinein ins Treibhaus?
Prognosen über die künftige Temperaturentwicklung sind schwierig, denn die dazu erforderlichen Gleichungen enthalten zahlreiche Unbekannte. Wie wirkt sich z.B. eine weltweit dichtere Bewölkung auf das Klima aus? Welchen Einfluss könnte der Zustrom von kaltem Schmelzwasser in die Meere haben? Und nicht zuletzt: Wird es der Menschheit gelingen, den Ausstoß von Kohlendioxid und anderen Treibhausgasen entscheidend zu reduzieren? Die Angaben über den möglichen Temperaturanstieg bis zum Ende des 21. Jahrhunderts weichen darum beträchtlich voneinander ab.

Niederschlag

Noch sehr viel uneindeutiger verläuft die Entwicklung des Niederschlags. Auf der Nordhalbkugel scheinen die Niederschläge in den letzten Jahrzehnten vom Äquator bis zum 45. Breitenkreis geringer geworden zu sein, während sie nördlich davon zugenommen haben. Und wieder ist das Klima im Winter am stärksten betroffen. Für Mitteleuropa lässt sich im Zeitraum von 1961–1990 eine Zunahme der Niederschläge im Winter um rund 40 Liter pro m^2 nachweisen, im Sommer fiel sie nur etwa halb so hoch aus. Unsere Durchschnittssommer sind also etwas wärmer und feuchter, die Durchschnittswinter aber eindeutig milder und niederschlagsreicher geworden – die Ausnahmen (z.B. der sehr kalte Winter von 1962/63 oder der verregnete Sommer von 1965) bestätigen allem Anschein nach nur die Regel.

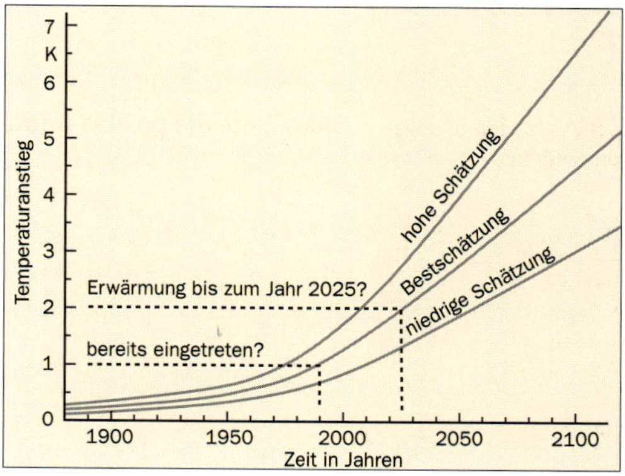

Tendenz: steigend

Extreme Dürre in den US-Bundesstaaten beiderseits der Rocky Mountains, zur gleichen Zeit schwere Überschwemmungen in Mosambik, die über 50 000 Menschen obdachlos machen, heftige Gewitter in Indien mit mehr als 30 Toten und 500 Verletzten, verheerende Staubstürme im Nahen Osten, ebenfalls in den USA Blizzards, die in drei Tagen stellenweise über 2 m Neuschnee bringen – die Wetterkatastrophen eines einzigen Monats (März 2003).

Kaum ein Tag vergeht, ohne dass die Medien nicht aus irgendeiner Ecke der Welt über Wetterkapriolen berichten. Sind Wetterkatastrophen in den letzten Jahren häufiger geworden? Oder werden sie heute einfach nur häufiger als früher von den enger geknüpften Netzen der Nachrichten- und Wetterdienste als bemerkenswerte Ereignisse erfasst?

Die langfristigen Statistiken, etwa der Münchener Rückversicherung, sprechen eindeutig für eine Zunahme der Wetterkatastrophen in der zweiten Hälfte des 20. Jahrhunderts, insbesondere der schweren (unten).

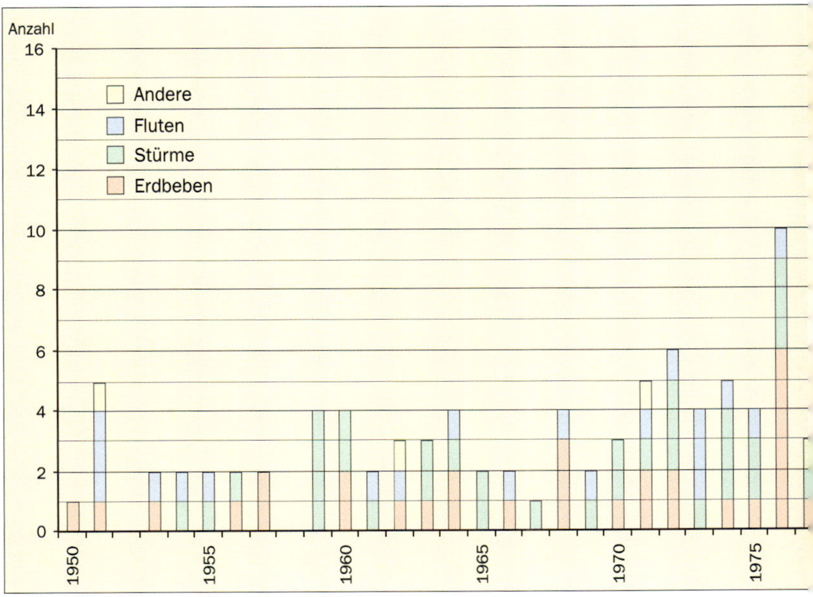

Und dieser beunruhigende Trend setzt sich im 21. Jahrhundert offenbar beschleunigt fort.

Die Frage nach seinen Ursachen lässt sich noch nicht eindeutig beantworten. Immerhin deckt sich die rasche Zunahme der Wetterkatastrophen seit der Mitte der 1980er-Jahre mit dem steilen Anstieg der bodennahen Mitteltemperaturen im gleichen Zeitraum. Werden also Wetterkatastrophen mit der fortschreitenden Erwärmung der unteren Erdatmosphäre häufiger und zugleich verheerender? Dafür würden unter anderem die vielen schweren Stürme und Überschwemmungen sprechen, denn deren Gewalt wird durch einen höheren Wärmeenergie- und Wasserdampfgehalt der Atmosphäre verstärkt. Da die Erwärmung mit großer Wahrscheinlichkeit auf den anthropogenen Treibhauseffekt zurückzuführen ist (S. 179), liegt der Schluss nahe, dass vor allem Umweltsünden die zunehmenden Wetterkapriolen und -katastrophen verursachen. Die Menschheit ruiniert damit aber nicht nur das Klima – sondern in vieler Hinsicht ihre eigene Existenzgrundlage.

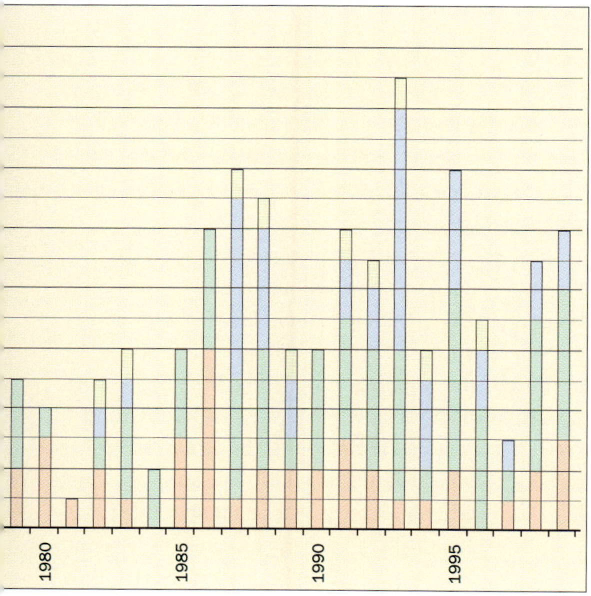

Langfristige Statistik
Unabhängig von der Antwort auf die Frage nach den Ursachen sprechen die Fakten für sich: Die Zahl großer Naturkatastrophen und das Ausmaß der durch sie verursachten wirtschaftlichen Schäden sind in der zweiten Hälfte des 20. Jahrhunderts dramatisch gestiegen. Alljährlich ereignen sich weltweit zwischen 500 und 900 Naturkatastrophen. Davon gehen die meisten relativ glimpflich aus, einige fordern jedoch Tausende von Todesopfern, machen Hunderttausende obdachlos und schädigen die Volkswirtschaften der betroffenen Länder so stark, dass internationale Hilfe erforderlich wird. Solche Ereignisse gelten als große Katastrophen. In dieser Kategorie zählte man in den 1950er-Jahren noch 20 und in den 1970er-Jahren knapp 50, in den 1990er-Jahren aber schon fast 90 Ereignisse. Die Zahl der verheerenden Erdbeben hat sich in dem Zeitraum seit 1950 kaum signikant verändert, Wetterkatastrophen wie Stürme oder Überschwemmungen sind dagegen etwa ab der Mitte der 1980er-Jahre sehr viel häufiger geworden.

„Schlechtes Land"
Nordafrika, im Altertum noch eine der Kornkammern des Römischen Reichs, leidet stark unter der Desertifikation. Acker- und Weideland hat sich im Lauf solcher „Verwüstung" weitflächig in Badlands verwandelt, wie in den angelsächsischen Ländern „schlechtes", für die landwirtschaftliche Nutzung ungeeignetes Land genannt wird. Die fruchtbare Bodenkrume wurde und wird durch Regengüsse und Stürme häufig bis auf das nackte Gestein abgetragen.

Verwüstung

Mit mehr als 30 % Festlandsanteil ist die Zone der Trockenklimate (S. 86) die bei weitem größte Klima- oder Ökozone der Erde. Und sie breitet sich seit Jahrzehnten unaufhaltsam immer weiter aus. Trockene Grasländer und Trockenwälder werden zu Halbwüsten und Wüsten: im Sahel, dem „Ufer" der Sahara, in Zentralasien, Australien und Amerika. Der Rand der Sahara beispielsweise hat sich seit Ende der 1960er-Jahre Jahr für Jahr um 5–10 km südwärts verschoben, jährlich gingen dort mindestens 100 000 Hektar Acker- und Weideland verloren.

Diese rasch fortschreitende Desertifikation (lat. *deserta* = Wüste) hat zum Teil natürliche Ursachen, wie lang andauernde Dürreperioden. Sie sind aber meist nur der erste Schritt zur großflächigen „Verwüstung", die durch Überweidung, Abholzung, unsachgemäßen Landbau, Bodenversalzung, Ausbeutung der Grundwasserreserven und andere Eingriffe in den Naturhaushalt verstärkt wird und zu Missernten, zum Verlust von Viehherden und zu Hungersnöten führt.

Entscheidend bei der Desertifikation ist die Bodenerosion durch Wind und Wasser. Anders als eine dichte, grüne Pflanzendecke werfen die freigelegten, nun überwiegend hellen Gesteine einen größeren Anteil der Sonnenenergie in den Weltraum zurück. Zusätzlich wird die Zufuhr von Sonnenenergie durch den vom Wind aufgewirbelten Staub verringert.

Beides führt dazu, dass sich die bodennahen Luftschichten abkühlen. Die kühlere, schwerere Luft steigt nicht mehr auf und bildet daher in der Höhe auch keine Wolken, aus denen es regnen könnte. Der Niederschlag nimmt damit weiter ab, und in einer Art Rückkopplung verstärken sich die Dürreperioden, werden häufiger und länger.

Nur ein Anfang

Politische Maßnahmen wie die „Konvention zur Bekämpfung der Wüstenbildung und Dürrefolgen insbesondere in Afrika" haben den Teufelskreis der Desertifikation bisher nicht durchbrechen können. Die Ausbreitung der Wüsten bleibt darum angesichts des immensen Wachstums der Weltbevölkerung und des damit steigenden Nahrungsmittelbedarfs das wohl dringlichste Umweltproblem unserer Zeit.

Nachhaltige Nutzung

Eine an das Klima der Trockengebiete optimal angepasste Landnutzung, die auch langfristig keine Umweltschäden hinterlässt, ist selten. Zu den wenigen Beispielen gehört der vor allem auf den Kanarischen Inseln praktizierte *Enarenado*. Dabei wird meist auf den Erdboden eine Schicht aus grobkörnigen vulkanischen Aschen aufgebracht. Sie verhindert, dass Wasser bei der sehr starken potenziellen Verdunstung (S. 43) zur Erdoberfläche aufsteigt und verringert dadurch Wasserverluste. In klaren Nächten, wenn die Temperatur bis unter den Taupunkt fällt, saugen sich die porösen Aschenkörner aus der feuchten Seeluft mit Tautropfen voll und verbessern noch die Wasserversorgung. Mitunter werden die Kulturen in Erdmulden oder -trichtern angelegt und zusätzlich von niedrigen Mauern umschlossen, wie hier in den Feuerbergen Lanzarotes. So sind die Pflanzen vor dem austrocknenden Wind geschützt, und mit dem kostbaren Nass wird noch sparsamer umgegangen.

Kein unerschöpfliches Gut

Wassermangel ist meist der erste Schritt auf dem Weg zur Desertifikation (S. 168). Es kommt allerdings nicht selten vor, dass die Verwüstung ganzer Landstriche gerade umgekehrt mit einem erweiterten Wasserangebot beginnt!

Natürliche Wasserlöcher, an denen Vieh getränkt werden kann, sind z.B. in den tropischen Grasländern Afrikas am Südrand der Sahara rar. Um die Wasserversorgung zu verbessern, wurden (und werden) dort seit Jahrzehnten zahlreiche neue Tränkstellen angelegt, oft von fossilem Wasser gespeist. Sie können den Durst der Weidetiere löschen, aber nicht ihren Hunger stillen. Daher ist die Überweidung im Umkreis der Tränkstellen oft am stärksten, und die Desertifikation geht von diesen in guter Absicht geschaffenen feuchten Oasen aus. Die Wüstenbildung verschärft wiederum die Niederschlagsarmut und damit die Wasserknappheit, ein Problem, das mittlerweile in manchen Regionen der Erde wie im Nahen Osten, in Ostafrika oder Südasien zu politischen Konflikten geführt hat.

Im 20. Jahrhundert ist der Wasserverbrauch weltweit mehr als doppelt so schnell gewachsen wie die

Fossiles Wasser

Wasser ist eine Ressource, die sich durch den Wasserkreislauf ständig erneuert und deshalb auf „ewige" Zeiten zur Verfügung steht. Das Wasser der Seen wird z.B. im Durchschnitt alle 8 Jahre einmal vollständig ausgetauscht, bei den in den Gesteinen gespeicherten Grundwasservorräten dauert der Austausch dagegen viel länger: rund 5000 Jahre.

Unter vielen Trockengebieten der Erde, etwa der libyschen Sahara oder den Wüsten der Arabischen Halbinsel, lagern enorme Grundwasservorräte. Sie stammen aus Perioden der Erdgeschichte, in denen das Klima niederschlagsreicher und/oder kühler war. Angesichts der heute spärlichen Niederschläge liegt der Gedanke nahe, dieses fossile, zum Teil über 25 000 Jahre alte Wasser zu nutzen, vor allem für die künstliche Bewässerung von Feldern und Gärten. Und dies wird heute auch vielerorts im großen Stil getan. Die vorzeitlichen Grundwasserspeicher sind aber nicht unerschöpflich und ihr Wasser geht allmählich zur Neige. Wegen des sehr langsamen Austauschs des Grundwassers dauert es Jahrtausende, bis sich ein leerer Speicher wieder gefüllt hat, selbst wenn das Klima irgendwann einmal wieder feuchter werden sollte.

Ein roter Fluss
Nur selten wird die Belastung der Gewässer durch Schadstoffe so deutlich sichtbar wie beim Río Tinto, einem Fluss, der in Spaniens Sierra Morena entspringt und nach knapp 100 km in den Atlantik mündet. Das Flusswasser ist durch Kupfererzlösungen, die aus den Bergbaugebieten am Fuß der Sierra Morena stammen, burgunderrot gefärbt. Wegen der hohen Schadstoffkonzentration können im Fluss kaum Tiere leben, und auch die Viehherden sollten in ihm tunlichst nicht getränkt werden.

Bevölkerung. Fast drei Viertel davon nutzt die Landwirtschaft, vor allem für Bewässerungskulturen, ohne die die Ernährung der Weltbevölkerung heute nicht mehr möglich wäre. Hinzu kommen die Industrie und die Privathaushalte, und alle drei Hauptverbraucher verbindet die Tatsache, dass sie verschwenderisch mit Wasser umgehen. In den Bewässerungskulturen z.B. erreichen nur etwa 40 % der zugeführten Wassermengen die Wurzeln der Pflanzen, 60 % versickern nutzlos in undichten Kanälen oder verdunsten.

Verschmutzung

Ein überdurchschnittlich heißer und trockener Sommer wie 2003 kann selbst im feuchten Mitteleuropa verheerende Folgen für die Landwirtschaft haben, in der Dritten Welt leiden aber Dutzende Länder ständig unter akutem Wassermangel. Die Wasserknappheit ist dort geringer, wo das gebrauchte Wasser in Kläranlagen aufbereitet und den Verbrauchern wieder zugeführt wird. Das geschieht jedoch nur in Ausnahmen. Stattdessen wird die knappe Ressource noch durch Agrarchemikalien und Abwässer von Industrie, Bergbau und Privathaushalten verschmutzt. Von einer ausreichenden Versorgung mit sauberem Trinkwasser ist mindestens ein Viertel der Menschheit noch weit entfernt; an Schadstoffen und Krankheitserregern im verseuchten Wasser erkranken und sterben Jahr für Jahr Millionen von Menschen, insbesondere Kinder.

Belastete Atmospäre

Staub, Ruß und andere feste Partikel gelangen aus den verschiedensten Quellen in die Erdatmosphäre. Allein die Menge des Staubs, der vom Wind von der Bodenoberfläche aufgewirbelt wird, beträgt nach Schätzungen zwischen 100 und 500 Millionen Tonnen jährlich. Hinzu kommt die Belastung durch Wald- und Steppenbrände in der Größenordnung von 150 Millionen Tonnen Partikeln sowie der Staub aus Städten, Industriegebieten und von Straßen, der nochmals mit bis zu 100 Millionen Tonnen pro Jahr zu Buche schlägt. Im Allgemeinen setzen sich die Teilchen im näheren Umkreis ihrer Quelle wieder ab, es kann aber vorkommen, dass Staubwolken weit verdriftet werden, wie durch den „Gelben Wind", der zuweilen gelblichen Staub aus der Wüste Gobi über den Pazifik hinweg bis nach Nordamerika weht. In Mitteleuropa stammt der rötliche Staub, der dem „Blutregen" seine Farbe verleiht, hauptsächlich aus den Trockengebieten Nordafrikas.

Auch die Verfrachtung von flüssigen und gasförmigen Schadstoffen endet naturgemäß nicht zwangsläufig an den Grenzen der Länder und Kontinente. Internationale Zusammenarbeit ist deshalb erforderlich, und so verpflichteten sich zahlreiche Staaten 1999,

Brandgefährlich
Ein schöner Hochsommertag am Fehmarnbelt, doch jenseits der Meeresstraße steigt über der dänischen Insel Lolland eine gewaltige dunkle Brandwolke auf. Eine Katastrophe? Nur für die Fauna der Äcker, auf denen die dänischen Bauern nach der Getreideernte das überflüssige Stroh verbrennen. Diese Unsitte ist in Europa mittlerweile eine Ausnahme, in den Tropen jedoch, wo man noch vielfach Brandrodung betreibt, gehören Brandwolken als sichtbare Beweise der vom Menschen verursachten Luftverschmutzung leider zum Alltag.

Die gelbe Pest
Schmutzig gelber Ozonsmog liegt hier über der Oberrheinebene bei Basel. In der durch Abgase verseuchten Luft steigt der Ozongehalt stark an und erreicht Konzentrationen, die für den Menschen schädlich sind. So kann es zu Augenreizungen, Schluckbeschwerden, Schmerzen beim Einatmen, Kopfschmerzen oder Kreislaufbeschwerden kommen, auch die Häufigkeit von Asthmaanfällen nimmt eindeutig zu.

den Ausstoß der verbreiteten Schadstoffe Schwefeldioxid, Ammoniak, der Stickoxide und flüchtigen organischen Kohlenwasserstoffe bis zum Jahr 2010 um durchschnittlich mindestens 40 % zu senken. Man hofft, damit die Zahl der Todesfälle durch Atemwegserkrankungen um fast 50 000 zu verringern.

Smog

Wie viele Menschen Jahr für Jahr weltweit durch verschmutzte Luft erkranken und sterben, ist unbekannt. Die genauer untersuchte Smog-Katastrophe vom Dezember 1952 in London lässt jedoch Schlimmes befürchten. Mindestens 4000 Menschen fielen dem Rauch-Gas-Gemisch, das damals etwa eine Woche lang die britische Hauptstadt verpestete, zum Opfer. Der London-Smog, der vor allem durch Schwefeldioxid und daraus entstandene Tröpfchen schwefliger Säure sowie Rußpartikel die Atemorgane reizt, hat inzwischen etwas von seinem Schrecken verloren, zumindest in den reichen Ländern, die sich moderne Heizungsanlagen und saubere Brennstoffe leisten können. Dafür hat sich die Lage beim Los-Angeles-Smog (Sommersmog, photochemischer Smog oder Ozonsmog) verschärft. Beide Smog-Varianten treten in Wetterlagen auf, bei denen eine Inversion (S. 35) in der unteren Troposphäre als Sperrschicht den Luftmassenaustausch erschwert. Täler oder von Bergen umschlossene Senken sind dabei zusätzlich gefährdet.

Ozon
Das äußerst aggressive Gas O_3, das u.a. zu Atembeschwerden und Hautreizungen führt, entsteht in den bodennahen Luftschichten unter dem Einfluss der energiereichen ultravioletten Strahlung der Sonne hauptsächlich aus Autoabgasen wie Stickoxiden und Kohlenwasserstoffen. Im Unterschied zum Ozonabbau in der Stratosphäre (S. 176) nimmt die Konzentration des bodennahen Ozons in den letzten Jahren zu, derzeit um etwa 1 % pro Jahr.

Sauer und ausgelaugt
Extrem saure und nährstoffarme Böden wie dieser Podsol („Boden unter Asche“) sind in Mitteleuropa selten und nehmen z.B. in Deutschland nur knapp 2 % der Landesfläche ein. Die vor allem durch saure Niederschläge verursachte Versauerung der Böden schreitet jedoch fort. Gegenmaßnahmen wie die Zufuhr von Kalk konnten bisher noch keine allgemeine Trendwende bewirken.

Von Versauerung ...

Rund 90 % des (kommerziellen oder technischen) Welt-Energieverbrauchs werden heute durch den Einsatz von Erdöl, Erdgas und Kohle gedeckt, fossilen Brennstoffen, die nicht nur die gewünschte Energie liefern, sondern leider auch die Atmosphäre mehr oder weniger stark mit Schadstoffen belasten. Die Liste der bei der Verbrennung freigesetzten Substanzen erinnert an das Register eines Chemie-Lehrbuchs, von den Mengen her spielen jedoch Kohlendioxid, Schwefeldioxid, verschiedene Stickoxide und flüchtige Kohlenwasserstoffe bzw. deren Umwandlungsprodukte bei der Schädigung der gesamten Biosphäre die Schlüsselrolle.

Vor allem aus Schwefeldioxid und den Stickoxiden entstehen jene Säuren, die den „Sauren Regen“ zum

Ein Waldgebirge?
„Harz“ bedeutet so viel wie „Waldgebirge“, aber der Wald kämpft im höchsten deutschen Gebirge nördlich der Mainlinie ums Überleben und hat diesen Kampf vielerorts schon verloren. Wie im Erzgebirge sind hier die Waldschäden in jenen Gebirgsstockwerken, die häufiger von Wolken verhüllt werden und in der kalten Jahreszeit wochenlang eine Schneedecke tragen, besonders schwer.

Inbegriff einer atmospärischen Umweltgefahr gemacht haben. Sie verbergen sich freilich nicht nur in den Regentropfen, sondern auch im Schnee und in den schwebenden Nebel- und Wolkentröpfchen der Luft. Ihre ersten Opfer sind die Pflanzen, die mit ihnen in Berührung kommen. Bald treten erste Krankheitssymptome auf, zunächst unscheinbare wie die gelblich verfärbten Blätter und Nadeln der Bäume, dann sterben Zweige, ganze Äste und Stämme ab, und im Endstadium des Waldsterbens erinnern nur noch einzelne Baumgerippe an ausgedehnte Waldbestände.

Der Angriff der Säuren setzt sich im Boden fort: Er versauert großflächig. Eine repräsentative Untersuchung in Deutschland ergab, dass die Böden bei 4 Fünfteln der Standorte in den obersten 30 Zentimetern pH-Werte unter 4,5 aufweisen. Zum Vergleich: Die fruchtbarsten Ackerböden wie Schwarzerden oder kalkige Marschböden haben einen pH-Wert um 7,0.

... bis Verwitterung

Die Bodenversauerung wäscht einerseits Nährstoffe heraus, andererseits macht sie giftige Schwermetalle wie Blei, Quecksilber oder Kadmium mobil. Sie schädigen die Pflanzenwelt und gelangen ins Grundwasser, also in die Hydrosphäre.

In Norwegen, Schweden oder Kanada – Ländern mit meist kalkarmen Böden, die dem Säureangriff kaum etwas entgegenzusetzen haben – ist das Wasser vieler Seen inzwischen so sauer, dass keine Pflanzen und Tiere mehr darin leben können.

Die Luftverschmutzung ist zudem ein kostspieliges Umweltproblem. In der Schweiz müsste man – falls die für den Schutz vor Lawinen und Schlammströmen so wichtigen Bergwälder sterben – für den Neubau technischer Schutzeinrichtungen schätzungsweise 800 Milliarden Schweizer Franken bezahlen. Enorme Kosten verursacht schon jetzt die Restaurierung historischer Gebäude, die Jahrhunderte und Jahrtausende überdauert haben, nun aber in der verunreinigten Luft der großen Städte erschreckend schnell verwittern.

Von der Luft zermürbt
Dass feste Gesteine durch die Angriffe von Wind und Wetter zermürbt und zerstört werden – verwittern –, ist ein natürlicher Vorgang, der normalerweise mehrere Jahrhunderte bis Jahrtausende dauert. Die Skulpturen der Kaiserpfalz in Goslar stammen größtenteils aus dem Ende des 19. Jahrhunderts. Manche haben bereits heute buchstäblich ihr Gesicht verloren – eine Folge der Luftverschmutzung, unter der vor allem kalkhaltige Gesteine leiden.

Aufbau und Zerfall

Die gesamten irdischen Wasservorräte, gleichmäßig über einen eingeebneten Erdkörper verteilt, würden eine rund 2700 m dicke Schicht bilden. Könnte sich das gesamte in der Atmosphäre enthaltene Ozon (die 3-atomige Form des Sauerstoffs) auf der Erdoberfläche absetzen, dann wäre die Schicht lediglich 2–3 mm

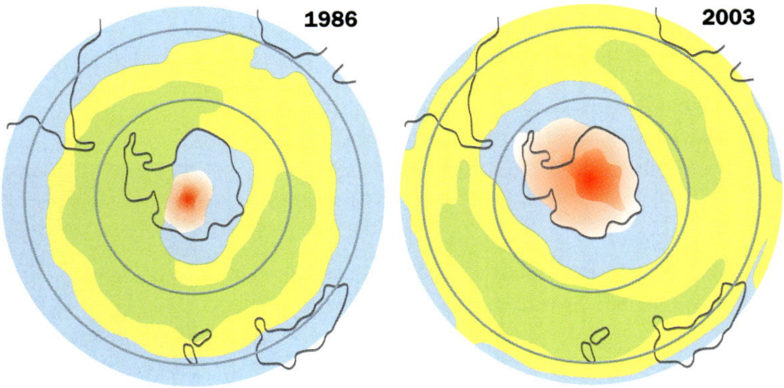

Ozonschwund
Von einem „Ozonloch" spricht man, wenn innerhalb der Ozonschicht der Gehalt dieses Spurengases regional auf weniger als zwei Drittel seines normalen Werts gesunken ist. Um die Mitte der 1980er-Jahre wurde eine derart dramatische Schwächung der Ozonschicht erstmals über der Antarktis beobachtet. Im September 2003 umfasste das Ozonloch dort bereits eine Fläche von rund 30 Mio. km^2. Auf der Nordhalbkugel fällt der Ozonschwund geringer aus, in manchen Jahren bildet sich aber auch über unseren Breiten ein Ozonloch.

dick. Trotzdem ist O_3 für das Leben auf der Erde kaum weniger wichtig als H_2O, was scheinbar nicht zu der Tatsache passt, dass Ozon in hoher Konzentration giftig ist und beim Los-Angeles-Smog (S. 175) als Schadstoff die Hauptrolle spielt.

Das seltene Spurengas befindet sich größtenteils auch nicht am Grund der Atmosphäre, sondern etwa 20–50 km über der Erdoberfläche in der so genannten Ozonschicht. Es entsteht dort unter dem Einfluss der energiereichen ultravioletten Strahlung der Sonne aus Sauerstoff, zerfällt aber bald wieder in diesen Hauptbestandteil der Luft. Der Kreislauf von Ozonaufbau und -zerfall dreht sich jahreszeitlich mit der wechselnden Zufuhr von Sonnenenergie mal schneller, mal langsamer, langfristig stellt sich jedoch ein natürliches Gleichgewicht und eine durchschnittliche Ozonkonzentration ein. Dabei ist der Gehalt der Atmosphäre an Ozon normalerweise über den Polargebieten größer als über den mittleren Breiten und den Tropen. Doch gerade über dem Südpolargebiet registrierten britische Forscher in den 1980er-Jahren während des antarktischen Frühsommers anormal niedrige Ozonwerte, die bei einer Abnahme um bis zu 99 % die Bezeichnung „Ozonloch“ durchaus verdienen und inzwischen auf einem etwas höheren Niveau ebenso über dem Nordpolargebiet nachzuweisen sind.

Gut behütet
Das Risiko, an Hautkrebs zu erkranken, nimmt bei einer Zunahme der biologisch wirksamen UV-Strahlung um 1 % doppelt so schnell zu, also um 2 %. Ein guter Schutz von Haut und Augen vor der aggressiven Strahlung ist daher dringend zu empfehlen, gerade bei Kindern. Sie werden wohl noch im Alter mit den Folgen des Ozonabbaus zu tun haben, denn die Ausstiegsfristen für die Produktion und Verwendung der „Ozon-Killer“ sind sehr großzügig (bis zum Jahr 2040) gezogen. Außerdem wird es Jahrzehnte dauern, bis die heute verwendeten Substanzen in die Ozonschicht gelangen und dort ihr Zerstörungswerk beginnen.

Ein reparaturbedürftiger Filter

Wenn die Konzentration eines atmosphärischen Gases, das als besonders langlebiger Bestandteil der Luft gilt, derart stark abnimmt, liegt der Verdacht nahe, dass da der Mensch seine Hand im Spiel hat. In der Tat sind wohl für den Ozonabbau, der innerhalb der Stratosphäre gegenwärtig etwa 0,2 % pro Jahr beträgt, neben Flugzeugabgasen vor allem die Zersetzungsprodukte industriell erzeugter Spurengase wie der mittlerweile weithin bekannten Fluorchlorkohlenwasserstoffe (FCKW) verantwortlich. Wegen der verheerenden Folgen der Schwächung oder gar Zerstörung der Ozonschicht ist die Produktion und Verwendung dieser Gase inzwischen weitgehend verboten, allerdings mit allzu langen Ausstiegsfristen.

Der Wert der Ozonschicht für die Bewohner der Erde liegt vor allem in ihrer Funktion als natürlicher UV-Filter. Er hält gut die Hälfte der solaren ultravioletten Strahlung zurück. Die biologisch wirksame UV-Strahlung (UVB) ist im Übermaß schädlich, und eine Abnahme der Ozonkonzentration um 1 % verstärkt die UVB-Strahlung an der Erdoberfläche um schätzungsweise 2 %. Die Folgen für den Menschen reichen vom harmlosen Sonnenbrand über gefährlichen Hautkrebs und Augenerkrankungen bis zu einer allgemeinen Schwächung des Immunsystems. Unter der verstärkten Strahlung leiden aber natürlich auch Pflanzen und Tiere.

Auf und Ab
Der Gehalt der Atmosphäre an Kohlendioxid schwankt im Lauf der Jahreszeiten vor allem mit dem Pflanzenwachstum in den mittleren und höheren Breiten der Nordhalbkugel. Die höchsten Werte werden regelmäßig im Frühjahr gemessen, anschließend wird der Atmosphäre durch die Photosynthese der Pflanzen CO_2 entzogen. Dessen Gehalt steigt dann zu Beginn der Winterruhe (und der Heizperiode) wieder an. Nach den Messergebnissen des Observatoriums auf dem Mauna Loa (Hawaii) ist über die Jahre und Jahrzehnte hinweg eindeutig ein Anstieg der CO_2-Konzentration zu erkennen.

Zwei Seiten der Medaille

In der Strahlungsbilanz der Erde (S. 22) spielt der Energiegewinn der Erdoberfläche durch die Gegenstrahlung der Atmosphäre eine wichtige Rolle: Verschiedene Bestandteile des Gasgemischs Luft, darunter Wasserdampf und Kohlendioxid, nehmen die langwellige Wärmeausstrahlung der Erde auf, wodurch sich die Atmosphäre erwärmt und einen großen Teil der aufgenommenen Energie zur Erde zurückstrahlt. Der Energiegewinn wächst dabei mit der Konzentration dieser Gase, was an einem außerirdischen Beispiel besonders deutlich zu erkennen ist: Am Grund der kohlendioxidreichen Atmosphäre des Planeten Venus herrschen Temperaturen von bis zu 750 °C!

Im Unterschied zur Atmosphäre der heißen Nachbarin, die zu gut 96 % aus Kohlendioxid besteht, ist die CO_2-Konzentration der Erdatmosphäre nur in Millionsteln zu messen. Sie hat allerdings, wie direkte Messungen und Untersuchungen der im Gletschereis der Antarktis eingeschlossenen Luftbläschen belegen, seit der Mitte des 19. Jahrhunderts um fast ein Drittel zugenommen. Gleichzeitig sind seither die mittleren Lufttemperaturen gestiegen, nicht kontinuierlich, doch tendenziell (S. 164), während sich der Verbrauch fossiler Brennstoffe seit dem Beginn des Industriezeitalters

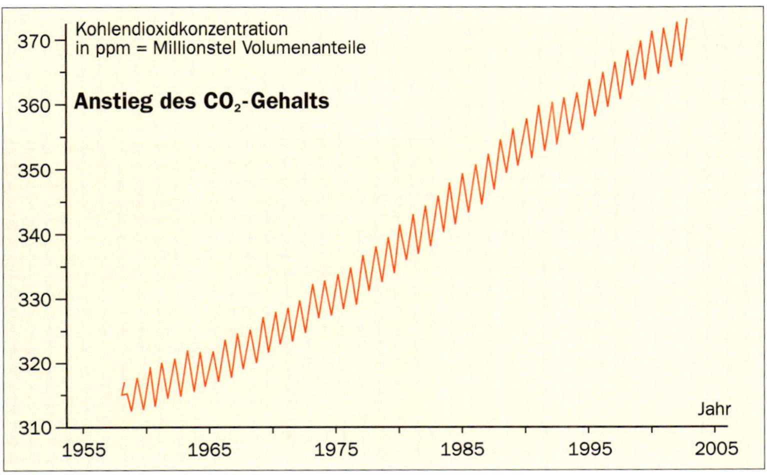

vervielfacht hat. Da liegt es nahe, zwischen diesen parallelen Trends einen kausalen Zusammenhang zu vermuten, der auf den Aktivitäten des Menschen beruht – aus dem natürlichen wurde ein anthropogener (durch den Menschen verstärkter) Treibhauseffekt.

Klima-Thermostate?
Vor allem in der kalten Jahreszeit überzieht sich der Himmel tagsüber mit den Kondensstreifen hoch fliegender Jets, wie hier über dem Frankfurter Rhein-Main-Flughafen. Die Fahnen breiten sich oft seitlich aus und bilden milchig weiße Eiswolkenschleier. Hohe dicke Wolken reflektieren einen großen Teil der Sonnenstrahlung und bewirken so eine Abkühlung. Vielleicht können also die Eiswolken als klimatische Thermostate der Erwärmung der Erdatmosphäre entgegenwirken.

Klimamodelle

Die Zunahme der CO_2-Konzentration beträgt derzeit etwa 0,5 %, der Gehalt an Distickstoffoxid steigt jährlich um 0,33 %, bei Methan und dem Ozon der bodennahen Luftschichten liegt der Anstieg in der Größenordnung von 1 % pro Jahr – diese Gase tragen zum anthropogenen Treibhauseffekt wahrscheinlich am stärksten bei. Sie stammen aus den verschiedensten Quellen, Kohlendioxid zum großen Teil auch aus der Brandrodung, Distickstoffoxid unter anderem aus der Düngung und Bodenbearbeitung, Methan aus der Viehhaltung und dem Reisanbau, Ozon aus Verkehr und Industrie ...

Die Frage, ob sich diese Quellen wirkungsvoll eindämmen lassen, wird letztlich über die weitere Entwicklung des irdischen Klimas entscheiden – zumal damit zu rechnen ist, dass zu den anthropogenen Klimaeinflüssen noch natürliche hinzukommen.

In Klimamodellrechnungen wird versucht, die Erhöhung der weltweiten Jahresmitteltemperatur in den bodennahen Luftschichten zu prognostizieren, unter der Vorausetzung, dass sich entweder der Ausstoß der Treibhausgase ungebremst fortsetzt oder aber durch Gegenmaßnahmen verringert wird. Die berechneten Werte gehen bis zum Ende des 21. Jahrhunderts von einem Temperaturanstieg um etwa 2 Grad bei optimistischen Schätzungen aus, aber von 6–8 Grad, falls der Schadstoffausstoß nicht gebremst wird.

Beschwichtigende Illusionen

Für Bewohner einer Klimazone, in der jahreszeitliche Temperaturschwankungen um 50 Grad normal sind, klingt der prognostizierte Temperaturanstieg um 2–8 Grad nicht alarmierend. Dabei handelt es sich freilich um globale Mittelwerte. Bezogen auf den Zeitraum von 1880–2001 und die gesamte Erdoberfläche liegt die Jahresdurchschnittstemperatur in den bodennahen Schichten der Atmosphäre gegenwärtig bei 13,9 °C. Die Erhöhung um bescheidene 2 Grad würde also einen Anstieg von 14 %, um 7 Grad sogar von mehr als 50 % bedeuten. Hinzu kommt: Die bereits seit Mitte des 19. Jahrhunderts eingetretene Temperaturerhöhung (S. 161) spricht für eine regional und jahreszeitlich sehr unterschiedliche Erwärmung der Erdatmosphäre. Am steilsten wird dabei der Temperaturanstieg in den polnahen Gebieten sein. In den mittleren Breiten wäre im Sommer mit einem Anstieg der Durchschnittstemperatur um etwa 3 Grad, im Winter aber von 5–6 Grad zu rechnen. Damit würde in Mitteleuropa ein Klima einziehen, wie es heute an der französischen Côte d'Azur herrscht – wenigstens für Wärme liebende Urlauber nicht unbedingt eine abschreckende Vorstellung.

Mögliche Migranten
Mit fortschreitender Erwärmung wandern Pflanzen- und Tierarten wärmerer Klimate nach Mitteleuropa ein, wie die Zistrose (oben), die jetzt im westlichen Mittelmeerraum und auf den Kanaren heimisch ist. Leider ist zu erwarten, dass zugleich auch bisher in unseren Breiten unbekannte Schädlinge und Krankheitserreger den Weg nach Norden finden.

Eine der ersten Arbeiten, die sich mit den Folgen der globalen Erwärmung beschäftigten, kam zu dem Ergebnis, dass sich die Klima- und Vegetationszonen der Erde weltweit verlagern. Unser kühl-gemäßigtes Klima bekäme danach zumindest eine mediterrane Tendenz. Für die Bewohner noch nördlicherer Breiten gar könnten paradiesische Zeiten anbrechen: keine Taiga, keine Tundra mehr, keine polaren Eisfelder, nur artenreiche Laubwälder der kühl-gemäßigten Zone bzw. ertragreiche Äcker und Weiden bis fast hinauf zum Nordpol.

Im Süden könnte das Klima der tropischen Feuchtsavannen und Regenwälder auf die heutigen Trockengebiete übergreifen – ebenfalls eine positive Entwicklung, auch wenn dafür der Mittelmeerraum und die Äquatorzonen mit Dürre bezahlen müssten.

Schöne neue Treibhauswelt?

Die heiß-trockenen „Jahrhundertsommer“ Mitteleuropas zu Ende des 20. und Beginn des 21. Jahrhunderts und die gleichzeitige Zunahme der Niederschläge im Winter (S. 165) scheinen diesen Wandel zu einem Klima mit mediterranem Charakter zu bestätigen. Ob sich daraus allerdings eine allgemeine Verlagerung der Klimazonen ableiten lässt und wie eine solche Entwicklung ökologisch und ökonomisch zu bewerten ist, sind bislang unbeantwortete Fragen.

Die Temperatur ist nur eines von vielen Elementen, die das Klima charakterisieren. Tageslänge und jahreszeitlicher Wechsel der Sonnenhöhe, die die Zufuhr von Sonnenenergie maßgeblich beeinflussen, werden sich in dem Zeitraum, für den die Prognosen zur globalen Erwärmung gelten, mit Sicherheit nicht ändern, ebenso wenig die Umrisse der Kontinente und das daran angepasste Zirkulationsmuster der Meeresströmungen. Die einfache Formel „höhere Temperaturen = höhere Ernteerträge" (bei ausreichender Wasserzufuhr), die der Landwirtschaft die globale Erwärmung schmackhaft machen könnte, geht fehl, weil mit höheren Temperaturen auch die Atmung der Pflanzen verstärkt und so ihre Wuchsleistung verringert wird. Zuletzt: Ein Anstieg der mittleren Temperaturen muss nicht zwangsläufig mit dem Schwund der Gletscher in den Polargebieten verbunden sein, wie Beispiele aus der Klimageschichte zeigen (S. 160) – eine wärmere Klimaperiode kann zu größerer Akkumulation von Schnee führen. Entgegen dem Trend in den Hochgebirgen diesseits der Polarkreise schieben sich manche Gletscher der Antarktis heute vor, und vieles spricht dafür, dass ausgerechnet der warme Golfstrom den Aufbau des grönländischen Eisschildes gefördert hat.

Kein „ewiges" Eis
Während der mittelalterlichen Wärmeperiode war das gegenwärtig zu fast neun Zehnteln von Eismassen bedeckte Grönland zweifellos auf weiten Flächen tatsächlich grün. Im Jahr 2002 wurde hier der größte Eisverlust in den letzten 24 Jahren registriert.

Von Eislasten befreit
Der Meeresspiegelanstieg muss nicht überall auf der Erde zur Überflutung niedriger Inseln und Küsten führen. In den vereisten Polargebieten wird bei einem großflächigen Rückzug der Gletscher neues Land aus dem Meer auftauchen. In dem Maß, in dem die Erdkruste von den Eismassen befreit wird, steigt sie empor, wie hier an der schwedischen Küste, wo sich das Land seit dem Ende der jüngsten Eiszeit beständig hebt.

Aus der Geschichte lernen?

Eine der wichtigsten theoretischen Grundlagen der Geologie ist der Aktualismus. Er besagt, dass die Gegenwart der Schlüssel zur Vergangenheit sei, also aus den geologischen Prozessen, die heute ablaufen, Rückschlüsse auf Vorgänge im Lauf der Erdgeschichte gezogen werden können. Folglich müsste man umgekehrt aus Vorgängen in der Vergangenheit auf zukünftige Entwicklungen schließen dürfen.

Mit dem Temperaturanstieg gegen Ende der jüngsten Eiszeit und in der Nacheiszeit war ein rascher Anstieg des Meeresspiegels verbunden, denn die Eismassen schmolzen und die Schmelzwässer füllten nach dem eiszeitlichen Tiefstand des Meeresspiegels die Ozeanbecken wieder auf. Zum Teil dürfte dieser Anstieg von mindestens 100 m auch darauf zurückführen sein, dass sich die Wassermassen in den Ozeanen mit den steigenden Temperaturen ausdehnten.

Man darf also vermuten, dass auch die akute globale Erwärmung den Meeresspiegel wird ansteigen lassen. Die meisten Modellberechnungen gehen hier für die kommenden 100 Jahre von einem Anstieg von etwa 25 cm im besten bis zu 100 cm im schlimmsten

Fall aus. Am stärksten werden danach die kleineren Gletscher in den Hochgebirgen außerhalb der Polargebiete abschmelzen – mindestens 70 000 insgesamt; allein die Schweiz hat seit Mitte des 19. Jahrhunderts bereits rund 100 Gletscher verloren.

Labile Berge
Mit dem Temperaturanstieg gingen gegen Ende der jüngsten Eiszeit und in der Nacheiszeit in den Alpen und anderen Hochgebirgen der Erde zahlreiche Bergstürze einher, etwa am Hochkalter in den Berchtesgadener Alpen. Vor etwa 5000 Jahren, in der wärmsten Phase der Nacheiszeit, stürzten hier über 15 Millionen Kubikmeter Kalkstein herab. Die scharfkantige Abrissnische der Felsmassen ist oberhalb der Blaueishütte noch deutlich zu erkennen.

Das Schwinden des Dauerfrostbodens

Wie die riesigen Eisschilde Grönlands und der Antarktis, die sich durch ihre enorme Ausdehnung in einem gewissen Maß ihr eigenes Klima schaffen, auf die Erwärmung reagieren, ist nicht klar. Die Gletscher des Südpolargebiets gelten als relativ stabil, wachsen teils sogar entgegen dem Trend, doch von ihnen geht wohl die größte Gefahr aus. Ein steigender Meeresspiegel könnte nämlich bei den antarktischen Gletschern, die oft ins Meer münden, dazu führen, dass ihre Fronten angehoben werden, sich die Reibung des Eises am Felsuntergrund verringert und in kurzer Zeit gewaltige Eismassen ins Meer vorstoßen – mit ihrem Schmelzwasser würden sie den Meeresspiegelanstieg noch beschleunigen.

Selbst geringe Anstiegsraten hätten verheerende Folgen, beispielsweise in den zum Teil unter dem Meeresspiegel gelegenen Marschen an der Nordseeküste. Dass die globale Erwärmung aber auch für die Bewohner der höchsten Gebirge nicht folgenlos bleibt, zeigen die Bergstürze, die sich in den Alpen häufen, etwa am Matterhorn, wo im Juli 2003 an einem heißen Tag mehrere hundert Kubikmeter Fels abbrachen. Die Felsen der höchsten Alpengipfel werden durch Eis zusammengehalten, so wie die Steine des Mauerwerks vom Mörtel. Wenn aber dieser eisige Mörtel verschwindet, verlieren die Berge ihr tragendes Skelett.

Optimistisch ...

Der Mensch neigt zum Optimismus – eine durchaus positive Eigenschaft, sofern sie nicht dazu verleitet, die Wirklichkeit zu ignorieren. Auch manches klimatologische Fachbuch zeugt von erstaunlichem Optimismus, wenn darin beispielsweise von der jüngsten Eiszeit (vor gut 10 000 Jahren) als „der letzten“ gesprochen wird. Warum aber sollte der klimatische Zyklus des Eiszeitalters nach 2–3 Millionen Jahren endgültig zum Stillstand gekommen sein?

Auch in Hinblick auf den anthropogenen Treibhauseffekt sehen manche Experten die Entwicklung gar nicht so pessimistisch. Die Natur könnte das Problem der klimawirksamen Treibhausgase vielleicht selbst lösen, indem sie z.B. größere Mengen Kohlendioxid in den Ozeanen „versenkt“ und so der Atmosphäre entzieht. Tatsächlich findet ein reger CO_2-Austausch zwischen der Luft- und der Wasserhülle der Erde statt; und indem Meeresorganismen das Kohlendioxid benutzen, um daraus zusammen mit dem im Wasser gelösten Calcium ihre Gehäuse zu bauen (aus denen zuguterletzt Kalkgesteine werden), wird CO_2 für geologische Zeiträume in der Erdkruste gebunden – nur fallen die nützlichen Helfer gerade der zunehmenden Verschmutzung der Ozeane zm Opfer, vor allem die Bewohner der Korallenriffe. Auch die Hoffnung, man könnte den Wäldern der Erde die Entsorgung des überschüssigen Kohlendioxids getrost überlassen, ist eine Illusion. Denn abgesehen davon, dass mit den steigenden Temperaturen sowohl die CO_2-Aufnahme wie die CO_2-Abgabe der Pflanzen steigt, ist man derzeit ja verstärkt dabei, die Waldbestände abzuholzen und niederzubrennen, was wiederum die CO_2-Konzentration erhöht. Hinzu kommen kaum vorhersehbare Rückkopplungen oder sich gegenseitig verstärkende Prozesse im globalen Ökosystem. So könnte die Erwärmung der Erdatmosphäre dazu führen, dass der Dauerfrostboden in den Polargebieten auftaut und ausgerechnet das bisher im Permafrost gebundene Methan freisetzt – ein hochaktives Treibhausgas ...

… und realistisch

Der Beginn einer neuen Eiszeit ist schon statistisch längst überfällig. Und auch die Entwicklung der Gletscher in der Antarktis, dem Kernstück der globalen Klimaanlage, spricht derzeit für eine nachhaltige Abkühlung der Erde, trotz oder gerade wegen des Temperaturanstiegs seit dem Ende der Kleinen Eiszeit. Da wärmere Luft mehr Feuchtigkeit aufnehmen kann als kältere, werden die Gletscher des Südpolargebiets reichlicher mit Schnee versorgt – die Eisdecke wächst, im Mittel 2–3 cm pro Jahr. Der Eisschild könnte irgendwann so dick werden, dass die Eismassen wegen der geringeren Bodenreibung allseits weit in das Südpolarmeer ausfließen usw.

Die meisten realistischen Szenarien gehen von katastrophalen Folgen für die Bewohner der Erde aus. Zwar gibt es zaghafte Maßnahmen zum Schutz der Atmosphäre, doch können die auf internationalen Klimakonferenzen verabschiedeten Konventionen und Protokolle keine allgemeine Trendwende bewirken, so lange sie zahlreiche ökonomisch begründete Schlupflöcher enthalten, durch die sich die größten Verursacher (wie die USA) ihrer Verantwortung entziehen.

Bild oder Vision?
Caspar David Friedrich nannte sein Gemälde „Das Eismeer" von 1823/24 im Untertitel „Die gescheiterte ‚Hoffnung'" – so der Name des Schiffs, das von den Eismassen schon fast verschlungen ist. Man könnte die Darstellung aber auch so deuten, dass der Mensch im Kampf mit der Natur unterliegt – wenn er denn meint, sie besiegen oder ignorieren zu können.

Literaturhinweise

Blüthgen, Joachim / Weischet, Wolfgang
Allgemeine Klimageographie. Berlin 1980

Burroughs, William J. u.a.
Wetter & Klima – Erkennen und Verstehen. Stuttgart 1998

Das Autorenteam des Seewetteramtes
Seewetter. Hamburg 2002

Deutscher Wetterdienst (Hg.)
Internationaler Wolkenatlas. Offenbach am Main 1990

Deutsche Meteorologische Gesellschaft (Hg.)
Europäischer Meteorologischer Kalender. Berlin

Farrand, John
Wetter. Köln 1999

Glaser, Rüdiger
Klimageschichte Mitteleuropas – 1000 Jahre Wetter, Klima, Katastrophen. Darmstadt 2001

Häckel, Hans
Meteorologie. Stuttgart 1999
Farbatlas Wetterphänomene. Stuttgart 1999

Hess, Reinhardt
Wetterbeobachtung durch das Jahr. München 1993

Kutzer, Horst (Hg.)
Wildes Wetter! Ein literarischer Begleiter durch Heiteres und Wolkiges. Leipzig 2000

Lamb, Hubert H.
Klima und Kulturgeschichte – der Einfluß des Wetters auf den Gang der Geschichte. Reinbek 1989

Malberg, Horst
Meteorologie und Klimatologie – eine Einführung. Berlin 2002
Bauernregeln aus meteorologischer Sicht. Berlin 2003

Meyers Lexikonredaktion (Hg.)
Meyers kleines Lexikon Meteorologie. Mannheim 1987

Minnaert, Marcel
Licht und Farbe in der Natur. Basel 1992

Müller, Manfred J.
Handbuch ausgewählter Klimastationen der Erde. Trier 1996

Sachweh, Michael
Bergwetter für Sport & Freizeit. München 2000

Schlegel, Kristian
Vom Regenbogen zum Polarlicht – Leuchterscheinungen in der Atmosphäre. Heidelberg 2001

Schneider, Stephen H. (Hg.)
Encyclopedia of Climate and Weather. New York 1996

Schönwiese, Christian-Dietrich
Klimatologie. Stuttgart 2003

Schwarzbach, Martin
Das Klima der Vorzeit – Eine Einführung in die Paläoklimatologie. Stuttgart 1993

Sönning, Walter / Keidel, Claus G.
Wolkenbilder – Wettervorhersage. München 2002

Trenkle, Hermann
Klima und Krankheit. Darmstadt 1992

Walch, Dieter / Neukamp, Ernst
Wolken, Wetter – Wetterentwicklungen erkennen und vorhersagen. München 1990

Walch, Dieter / Frater, Harald
Wetter und Klima. Berlin 2003

Walter, Heinrich / Breckle, Sigmar-Walter
Vegetation und Klimazonen. Stuttgart 1999

Weinhold, Angela
Unser Wetter. Ravensburg 2000

Weischet, Wolfgang
Regionale Klimatologie. Stuttgart 1996/2000
Einführung in die Allgemeine Klimatologie. Berlin 2002

http://www.bergwetter.de
Bergwetter-Links in sämtliche Alpenländer.

http://www.caf.dlr.de/caf/satelliten-daten/bildergalerie
Faszinierende Aufnahmen der Erde aus dem Weltraum, mit Links zu anderen Webseiten.

http://www.climate-change.ch
Informationen über die Auswirkungen des Klimawandels auf Mensch und Natur.

http://www.wetter.com
Interessante Länderinformationen und Wetterspecials mit Hintergrundinformationen.

http://www.dkrz.de
Deutsches Klimarechenzentrum.

http://www.donnerwetter.de
Verständliche News und Specials.

http://www.dwd.de
Portal des Deutschen Wetterdienstes mit vielen Dienstleistungen und Informationen.

http://www.esys.org/wetter/wetter
Seewetterseite im Europäischen Segel-Informationssystem ESYS

http://www.dwd.de/de/SundL/Freizeit/Freizeit
Vorhersagen des Deutschen Wetterdienstes für Sport und Freizeit.

http://www.met.fu-berlin.de
Institut für Meteorologie der FU Berlin, zugleich Adresse der Deutschen Meteorologischen Gesellschaft (DMG).

http://www.meteomedia.ch
Vorhersagen für Deutschland und die Schweiz. Angeschlossen ist die Unwetterzentrale Deutschland.

http://www.meteoschweiz.ch
Internetangebot des nationalen Wetterdienstes der Schweiz, in dem naturgemäß das Bergwetter breiten Raum einnimmt.

http://www.meteoros.de
Webseite von Meteore e.V. mit erläuterten Bildern von optischen Himmelsphänomenen wie Blitze, Halos oder Polarlichter.

http://www.munichre.com
Webseite der Münchener Rückversicherungs-Gesellschaft, die erste Adresse für Informationen über Naturkatastrophen.

http://www.saevert.de
Umfangreiche Sammlung von Wetterlinks.

http://www.its.caltech.edu/~atomic/snowcrystals/ photos/photos:
Alles über Schneekristalle.

http://www.umweltlexikon-online.de
Erläuterungen von Stichwörtern aus dem Bereich Klima-Wetter-Umwelt.

http://www.wetterzentrale.de
Wetterzentrale von Georg Müller (UNI Karlsruhe) Seite für den Profi und ambitionierten Hobbymeteorologen.

http://www.wissenschaft.de
Neuigkeiten aus den Geowissenschaften zu den Themen Wetter und Klima.

http://www.wetterklima.de
Vielseitiges Angebot, das vom aktuellen Wetter bis zum Wetter-Archiv reicht.

http://www.wetter-mensch-natur.de/wetter
Hinweise zu den Beziehungen zwischen Wetter, Mensch und Natur.

http://www.wmo.ch
Offizielle Website der Weltorganisation für Meteorologie.

http://www.wolkenatlas.de
Der Karlsruher Wolkenatlas – eine schier unerschöpfliche Fundgrube!

http://www.wetteronline.de
Weltweite Wettervorhersagen, dazu u.a. ein gut gemachtes Wetterlexikon mit aussagekräftigen Fotos und ein Wetterforum zum Diskutieren.

http://www.wsl.ch
Die Eidgenössische Forschungsanstalt für Wald, Schnee und Landschaft informiert u.a. über Schnee und Lawinen

http://www.wetter.at
Wettervorhersagen speziell für Österreich und unter **http://www.wetter.ch** für die Schweiz

http://www.zamg.ac.at
Zentralanstalt für Meteorologie und Geodynamik (Wien). Sehr ausführliche Informationen über das aktuelle Klima und die Klimageschichte Österreichs im letzten Jahrtausend.

Bildnachweis

Die Rechte für alle hier nicht aufgeführten Abbildungen liegen bei Aibo & Peter Göbel.

dpa, Frankfurt Umschlagvorderseite o.l., u.l., u.M., u.r., Umschlagrückseite, 15, 20, 25, 55, 62, 121, 123, 139, 152, 154

Archiv DuMont 10, 13, 118, 163, 185

Corripio, Javier G. 50

aus: Kahlke, Hans Dieter, Die Eiszeit, Urania-Verlag, Leipzig/Jena/Berlin 51

Heller, Volker, Ehringhausen 117

Eidgenössisches Institut für Schnee- und Lawinenforschung, aus: Wilhelm, Friedrich, Schnee- und Gletscherkunde, de Gruyter 130

Pickthall Picture Library PPL. Ltd., aus: Segeln, Das praktische Handbuch, Dorling Kindersley 132

Fischer, Ralph Henry, Köln 140

Rothstein, Arthur, aus: Farrand Jr., John, Wetter, VGS 147

Dr. Höller (DLR) 148

Die Karten, Tabellen und Grafiken in diesem Buch wurden von Cartomedia/Angelika Solibieda (Karlsruhe) angefertigt bzw. modifiziert übernommen, und zwar nach Vorlagen von Hans Häckel (S. 19 und 24), Willi Rieb/Atelier Frommelt, Verlag Das Beste, Stuttgart (S. 22), des Deutschen Seewetteramtes (S. 36 und 40), von Peter Göbel (S. 54, 72, 74, 76, 81, 84, 85, 86, 87, 88, 89, 109, 111 und 113), H. D. Kahlke (S. 51), des Deutschen Wetterdienstes (S. 58), des Georg Westermann Verlags (S. 60), von Meyers Lexikonredaktion (S. 70), von Ch.-D. Schönwiese (S. 83 und 165), Hermann Trenkle (S. 99 und 101), des TÜV Rheinland, Kosmos Ratgeber (S. 108), Michael Sachweh (S. 125), Herbert Liedtke (S. 158/159), Olav Rappold (S. 162), NatCatSERVICE, Münchener Rück, München (S. 166/167), W. J. Burroughs et al. (S. 176) und Stephen H. Schneider (S. 178)